Unternehmenserfolg durch Lokalisationsvorteile

Matthias Köppel

Unternehmenserfolg durch Lokalisationsvorteile

Ein GIS-basiertes Raummodell für Süddeutschland

Mit einem Geleitwort von Prof. Dr. Peter Welzel

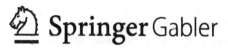 Springer Gabler

Matthias Köppel
Augsburg, Deutschland

Zugleich Dissertation an der Universität Augsburg, 2015

Erstgutachter: Prof. Dr. Peter Welzel
Zweitgutachter: Prof. Dr. Axel Tuma

Vorsitzender der mündlichen Prüfung: Prof. Dr. Peter Michaelis
Datum der mündlichen Prüfung: 6. Juli 2015

ISBN 978-3-658-15821-7   ISBN 978-3-658-15822-4   (eBook)
DOI 10.1007/978-3-658-15822-4

Die Deutsche Nationalbibliothek verzeichnet diese Publikation in der Deutschen National-
bibliografie; detaillierte bibliografische Daten sind im Internet über http://dnb.d-nb.de abrufbar.

Springer Gabler
© Springer Fachmedien Wiesbaden GmbH 2017

Springer Gabler ist Teil von Springer Nature
Die eingetragene Gesellschaft ist Springer Fachmedien Wiesbaden GmbH
Die Anschrift der Gesellschaft ist: Abraham-Lincoln-Str. 46, 65189 Wiesbaden, Germany

Geleitwort

Die Konzentration von Unternehmen im Raum ist ein in der Realität häufig beobachtetes und in den Wirtschaftswissenschaften vielfach untersuchtes Phänomen. In Deutschland und im Besonderen in Bayern wird das Konzept der Cluster wirtschaftspolitisch unterstützt und in breitem Umfang umgesetzt. Die Vorzüge räumlicher Nähe erschließen sich den Menschen in vielen Bereichen ganz intuitiv; für Unternehmen sind die Vorteile vielschichtiger und methodisch schwerer zu erfassen. Dies resultiert zwangsläufig in einer hohen Bandbreite von empirischen Ergebnissen.

Herr Köppel nimmt in seiner Untersuchung die weiterführenden Empfehlungen zahlreicher Autoren sehr ernst und versucht, mit einem adäquaten Set aus präzisen Tools und umfangreichen Daten neue Einsichten zu gewinnen. Seine zentrale Forschungsfrage nach den monetär messbaren Effekten einer Clusterung haben bislang nur wenige Autoren in dieser Detailliertheit untersucht.

Die empirischen Ergebnisse sind von hoher Relevanz und vielversprechend: Nicht alle Branchen profitieren von räumlicher Nähe in gleichem Maße. Unternehmensinterne Skalenerträge machen Unternehmen unabhängiger vom räumlichen Umfeld. Eine Mindestdichte ist erforderlich, damit positiv wirkende Externalitäten zwischen Unternehmen ihre Wirkung entfalten können.

Unmissverständlich ergibt sich die wirtschaftspolitische Empfehlung, eine oft gezwungen erscheinende Umsetzung der Clusterpolitik in ländlichen Regionen kritisch zu hinterfragen. Gleichzeitig birgt das dynamische Wachstum vieler großstädtischer Agglomerationen in Deutschland und Europa eine mächtige Quelle weiter steigender Spillover-Effekte für hinreichend räumliche konzentrierte Unternehmen. Herr Köppel ist mit der vorliegenden Arbeit ein wertvoller Beitrag für unser Verständnis von Clustern und der sie beeinflussenden Wirtschaftspolitik gelungen. Aufmerksamkeit in der weiteren Forschung in diesem Gebiet ist ihm sicher.

Prof. Dr. Peter Welzel

Vorwort

Die Inhalte dieses Buches entstanden während meiner Zeit im Team von Herrn Prof. Dr. Welzel an der Universität Augsburg zwischen Oktober 2012 und Juli 2015. Herrn Professor Welzel gebührt als Doktorvater mein besonderer Dank. Durch die Möglichkeit der Dissertation, seine Hinweise und Einsichten habe ich neues Wissen über viele Zusammenhänge erlangt und mir in drei Jahren viele neue Fähigkeiten aneignen dürfen. Dem Zweitgutachter Herrn Prof. Dr. Axel Tuma danke ich ebenfalls für wertvolle Hinweise und seine großartige Unterstützung.

Diese Arbeit wurde in dieser Form nur möglich, weil viele Freunde am Lehrstuhl Welzel und an nahe gelegenen Lehrstühlen mir unentwegt mit ihrem Wissen, ihrer Geduld und ihren Ideen geholfen haben.

Während meiner beruflichen Laufbahn ist Herr Dr. Peter Lintner stets ein hervorragender Mentor, Fürsprecher und Förderer für mich gewesen. Hierfür möchte ich mich auch auf diesem Wege herzlich bedanken.

Dieses Buch zählt zu den großen Gelegenheiten, mich bei meinen Eltern Jutta und Achim Köppel für die grenzenlose Unterstützung von ganzem Herzen zu bedanken. Ihnen ist dieses Buch gewidmet. Meine Familie und Freunde aus Schule, Universität und Beruf haben einen Beitrag an diesem Buch, den ich nicht genug würdigen kann. Für viele Momente des Glücks und der Ermutigung bin ich unendlich dankbar.

Matthias Köppel

Zusammenfassung

In räumlicher Konzentration gelegene Unternehmen können von vielfältigen Vorteilen profitieren. Doch ob diese Vorzüge für die Unternehmen auch monetär messbar sind, blieb in der regionalökonomischen Forschung nahezu unbeantwortet. Dabei ist die Frage sowohl für einzelne Unternehmen als auch für die Akteure der Wirtschaftspolitik von großem Interesse.

In der vorliegenden Arbeit wird diese Fragestellung anhand eines Individualdatensatzes von mehreren tausend Unternehmen aus dem Süden Deutschlands beantwortet. Untersucht werden drei Branchenaggregate aus der Industrie (Chemie, Metall, EDV) sowie unternehmensnahe Dienstleister.

Um regionale Spezialisierung und die damit verbundenen Effekte richtig zu erfassen, werden neue Verfahren in der empirischen Regionalforschung notwendig: Das Untersuchungsgebiet besteht aus 204 Landkreisen und kreisfreien Städten – deren Grenzen zerschneiden die Wahrnehmung von Phänomenen enorm und führen in der Berechnung nicht selten zu falschen Ergebnissen.[1]

Als Lösungsvorschlag werden Unternehmen, Verkehrsinfrastruktur und Forschungseinrichtungen in einem Geoinformationssystem auf zehn Meter genau erfasst und deren Distanzrelationen von Grenzlinien somit vollständig unabhängig. Im Mittelpunkt der Arbeit steht die Frage, ob und wie stark Lokalisationsvorteile[2] die unternehmerische Erfolgsgröße „Umsatz je Mitarbeiter" positiv beeinflussen.

Im Ergebnis kann vor allem die metallverarbeitende Industrie aus einem wirtschaftlich starken und entsprechend qualifizierten Umfeld monetär messbare Vorteile erzielen. Der Effekt bleibt auf die Distanz von 40 km beschränkt.

---

[1] Unter dem Namen „Areal-Unit-Problem" hat dies jüngst Aufmerksamkeit in der regionalökonomischen Praxis erfahren. Siehe Eckey *et al.* (2012) für einen Überblick und weitere Lösungsvorschläge.

[2] Dies sind für einzelne Unternehmen spezialisierte Zulieferer, spezialisierte Arbeitskräfte sowie Spillover-Effekte. Nach Marshall (1890) führen sie dazu, dass sich die Wirtschaft regional auf Branchen spezialisiert.

Abkürzungsverzeichnis

2SLS	Two Stage Least Squares Regression
BIP	Bruttoinlandsprodukt
BMBF	Bundesministeriums für Bildung und Forschung
CCeV	Carbon Composite e.V.
CFK	carbonfaserverstärkte Kunststoffe
ERIS	The European Regional Innovation Survey
GIS	Geoinformationssystem
HB	Hoover-Balassa-Index
HHI	Hirschman-Herfindahl-Index
IHK	Industrie- und Handelskammer
IV	Instrumentenvariable
km	Kilometer
LK	Landkreis
LKS	lokalisierte Spillover
MAI Carbon	München Augsburg Ingolstadt Carbon
NACE	Nomenclature statistique des activités économiques dans la Communauté européenne
NEG	New Economic Geography
NNA	Nearest-Neighbour Analysis
NUTS	Nomenclature des unités territoriales statistiques
OLS	ordinary least squares
OSM	Open Street Map
QGIS	Quantum GIS
RIS	regionale Innovationssysteme
Tsd.	Tausdend

Inhaltsverzeichnis

Abbildungsverzeichnis

Tabellenverzeichnis

1 Einführung und zentrale Fragestellung

Die Bedingungen für wirtschaftliche Aktivitäten sind in den Teilräumen eines Landes denkbar unterschiedlich. Sehr dünn besiedelten Räumen stehen Orte mit einer hohen Konzentration von Unternehmen und Arbeitsplätzen gegenüber. Ballungen wirtschaftlicher Aktivität haben unter dem Begriff Cluster in der wissenschaftlichen Analyse der letzten Jahre eine enorme Beachtung erfahren (Wrobel, 2009, S. 86). Cluster (siehe Abschnitt 2.4) bedeuten nicht nur die räumliche Konzentration von wirtschaftlicher Aktivität, sie sind vielmehr zu einem Synonym für die regionale Spezialisierung auf einzelne Wirtschaftszweige geworden (Sautter, 2004, S. 66). Da Cluster oftmals mit funktionierenden Arbeitsmärkten, wirtschaftlicher Weiterentwicklung und einer hohen Innovationskraft assoziiert werden (Braun, 2012, S. 159ff.), sind sie für zahlreiche Regionen zu einem Lösungsansatz ihrer regionalpolitischen Zielvorstellung geworden. Clusterförderung wird bis heute in der europäischen, nationalen und regionalen Dimension in großem Umfang betrieben.

Die ersten Beobachtungen zur wirtschaftlichen Spezialisierung des Raumes durch Marshall (1890, Buch 4, S. 329ff.) liegen schon über 100 Jahre zurück. Seine Argumente besitzen bis heute Gültigkeit zur Erklärung regionaler Konzentrationen von branchengleichen Unternehmen (Krugman & Obstfeld, 2006, S. 136ff.). Die Arbeit von Marshall offenbart die wesentlichen Mechanismen zur räumlichen Organisation der Wirtschaft und gilt auch lange Zeit nach ihrem Erscheinen als guter Ausgangspunkt regionalökonomischer Forschungsvorhaben (Foster, 1993, S. 990).

Bei neuen Überlegungen zu Clustern kann aus einem breiten Methodenspektrum gewählt werden. Quantitative Methoden wie in Schätzl (2000) oder Farhauer & Kröll (2013) beschreiben regionale Wirtschaftsmuster durch Konzentrationsmaße. Oftmals werden diese Maße als erklärende Variablen in ökonometrisch angelegten Analysen genutzt. Qualitative Analysen auf der Ebene von Personen und Institutionen wie bei Saxenian (1990) ergründen Abhängigkeiten und Phänomene durch den Bezug zum Individuum.

Dennoch bleibt es in beiden Fällen ein schweres Unterfangen, jene Vorteile isoliert zu erfassen, welche für die Unternehmen durch die Lokalisation in einem Cluster entstehen. Denn bislang erfolgt die Analyse in der Regionalökonomie meist anhand der Zuordnung von Unternehmen und Beschäftigten zu administrativen Einheiten. Ein typisches Beispiel sind die Landkreise in Deutschland. Dieses Vorgehen ist naheliegend, da in vielen Datenbanken aggregierte Werte für diese räumlichen Zuschnitte vorliegen. Zahlreiche Merkmale von Clustern, wie etwa Spillover (siehe Abschnitt 2.3.2), sind jedoch distanzempfindlich und können über administrative Einheiten nur sehr unzureichend modelliert und gemessen werden. Diese Arbeit zeigt für Bayern beispielsweise, dass die stärkste Clusterung von mehr als 280 metallverarbeitenden Unternehmen innerhalb eines Radius von lediglich 20 km nicht weniger als sieben Landkreise schneidet (vgl. Abschnitt 4.8).

Ein wesentliches Ziel der vorliegenden Arbeit ist es, hierzu eine methodische Verbesserung vorzulegen und sie für diverse Wirtschaftszweige der Industrie sowie für unternehmensnahe Dienstleistungen zu überprüfen. Die grundlegende Idee ist, die Lage der Unternehmen zueinander exakt zu modellieren. In einem Geoinformationssystem (GIS)[1] werden die Individualdaten der Unternehmen auf wenige Meter exakt erfasst. Somit lassen sich die Entfernungen zu ihren Nachbarn der gleichen und aus vorgelagerten Wertschöpfungsstufen berechnen. Für ein realitätsnahes Abbild der übrigen Standorteigenschaften werden die Verkehrsinfrastruktur (Anschlussstellen der Autobahn, Schienennetze) sowie die Einrichtungen für Forschung und Entwicklung ebenfalls exakt erfasst. Die später konzipierten Modelle (siehe Abschnitt 5.2) sollen jenen Zugewinn unternehmerischen Erfolges erklären, welcher durch den Grad der Clusterung in seinem Umfeld entsteht. Solch exakte Modellierungen räumlicher Gegebenheiten finden in der Regionalökonomie bislang lediglich periphere Beachtung (Combes *et al.*, 2008, S. 27ff.), doch die Fortschritte in der Entwicklung moderner GIS verhelfen auch der empirischen Regionalforschung zu neuen Möglichkeiten.

Dabei wird die Variation innerhalb von vier Branchenaggregaten (Chemie, Metall, EDV und Dienstleistungen) durch separate Schätzungen berücksichtigt. Dies erlaubt unverfälschte Einsichten darüber, welche Wirtschaftszweige stark und welche nur gering von räumlicher Konzentration profitieren.

Dieser erste Überblick verdeutlicht den empirischen Ansatz der Arbeit, die Abbildung 1.1 zeigt die Verteilung der Grundgesamtheit. Die dargestellten Unternehmen entstammen den wesentlichen Branchen, die bei der Herstellung von Hochleistungswerkstoffen involviert sind. Sowohl diverse Verfahren der Konzentrationsmessungen (siehe Kapitel 4) als auch die ökonometrischen Schätzungen (siehe Abschnitt 5.3) beziehen ihre Werte aus dieser räumlichen Verteilung.

---

[1]GIS sind EDV-Tools, welche die Verarbeitung und Berechnung von georeferenzierten Informationen erlauben. Die drei gängigen Darstellungsarten (Punkte, Linien und Polygone) implizieren neben editierbaren Attributen auch die exakte Position in einem Koordinatensystem.

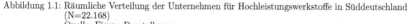

Abbildung 1.1: Räumliche Verteilung der Unternehmen für Hochleistungswerkstoffe in Süddeutschland (N=22.168)
Quelle: Eigene Darstellung

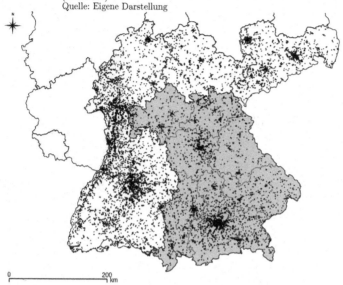

Der weitere Fortgang der Arbeit ist folgendermaßen strukturiert: Kapitel 2 gibt einen Überblick über die theoretische Fundierung der Cluster in den Wirtschaftswissenschaften und nennt die wesentlichen Befunde aus der Literatur. Kapitel 3 benennt die Datenquellen und die verwendeten Tools der eigenen empirischen Untersuchungen. Kapitel 4 erörtert die regionale Spezialisierung der Unternehmen für moderne Werkstoffe und deren räumliche Konzentration. Konventionelle Maße kommen hierbei ebenso zum Einsatz wie moderne GIS-gestützte Verfahren. Kapitel 5 formuliert die Forschungsfrage, die Hypothesen und spezifiziert das ökonometrische Modell. Kapitel 6 legt die Ergebnisse zunächst deskriptiv dar, während diese in Kapitel 7 mit den Ergebnissen aus Kapitel 4 verknüpft und interpretiert werden. Kapitel 8 gibt einen Ausblick zu weiterführenden Fragestellungen und Kapitel 9 schließt die Arbeit ab.

2 Theoretische Grundlagen

Der Unterschied von Stadt und Land determiniert die Angebotsstrukturen eines Marktes in entscheidender Form. Städte bieten aufgrund der höheren Dichte und ihrer Zentralität eine weitaus größere Vielfalt: Arbeitsplätze, Wohnungen, Einkaufsmöglichkeiten und auch kulturelle Einrichtungen sind dort in größerer Anzahl und vor allen Dingen ausdifferenzierter vorzufinden. Daher ist die wirtschaftliche Bedeutung der Städte in Relation zu ihrer Fläche stark überproportional (Esparza & Krmenec, 1996, S. 368).

Das folgende Kapitel gibt eine Literaturübersicht zu den Mechanismen, welche die räumliche Konzentration der wirtschaftlichen Akteure erklären können.

2.1 Wirtschaftliche Aktivitäten im Raum

Die Erdoberfläche lässt sich in besiedelte und nicht besiedelte Gebiete unterteilen. In der Anökumene erlauben die extremen Klimabedingungen keine dauerhafte Besiedelung durch den Menschen, daher ist eine sektorenübergreifende wirtschaftliche Nutzung ebenfalls undenkbar. In der Ökumene konzentrieren sich menschliche Aktivitäten wie Arbeiten und Wohnen in Städten; die räumliche Restgröße zu Städten wird als ländlicher Raum klassifiziert (Heineberg, 2014, S. 26ff.).

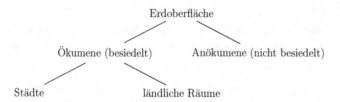

In den besiedelten Regionen der Erde zeigen manche Räume eine besondere Eignung für wirtschaftliche Aktivitäten, da sie Standortvorteile bieten. Es ist hierbei zwischen

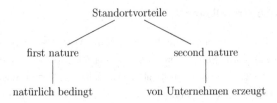

Vorteilen erster Art (first nature) und jenen der zweiten Art (second nature) zu unterscheiden. Vorteile erster Art haben einen kausalen Bezug zu der physischen Beschaffenheit
der Standorte. Darunter können beispielsweise Bodenschätze für Unternehmen des Bergbaus oder ein Meereszugang für Werften verstanden werden. Die Vorteile zweiter Art sind
unternehmensinterne oder externe Skalenerträge. Die externen Skalenerträge entstehen
durch die räumliche Nähe von Unternehmen zueinander. Diese Nähe kann für Unternehmen in einen wechselseitigen Nutzen münden (Farhauer & Kröll, 2013, S. 56ff.).

Alleine aus diesen zwei Gründen sind Unternehmen oftmals in räumlicher Nähe zueinander lokalisiert und es bilden sich sog. Agglomerationen. Diese entstehen konkret dann,
wenn die von mehreren Individuen getroffenen Standortentscheidungen räumlich eng zu-
sammentreffen. Diese Entscheidungen können sowohl aus eigener Überzeugung, als auch
in der Reaktion auf andere Marktteilnehmer gefällt werden (Braun, 2012, S. 58).

Im Ergebnis entstehen somit prägnante Strukturen wirtschaftlicher Konzentration, welche sich ebenso global wie auch in allen darunterliegenden Maßstabsebenen beobachten
lassen. Sie umfassen nach Fujita & Mori (2005, S. 378):

- Die Bündnisse von Staaten, beispielsweise werden innerhalb des Staatenbundes bestehend aus den USA, Kanada und Mexiko etwa 35% des globalen BIP erwirtschaftet.

- Die stark überproportionale Konzentration wirtschaftlicher Aktivitäten in Metropolregionen. So werden in Paris rund 30% des französischen BIP auf lediglich 2%
  der Landesfläche erwirtschaftet.

- Eng verflochtene Produktionssysteme wie das Silicon Valley in Kalifornien oder die
  Industriedistrikte in Italien. Sie sind regionale Quellen neuer Produkte und technologischer Fortschritte.

Die nachfolgenden Abschnitte widmen sich zunächst den Begriffen der Agglomeration
und der Distanz. Daran anschließend folgt ein Überblick zur begrifflichen Erweiterung
der Cluster und der empirischen Befunden hierzu. Die Strukturierung folgt der Idee, sich

auf die Erkenntnisse Marshalls hinsichtlich der Nähe zu Zulieferern, den spezialisierten Arbeitsmärkten und Spillover zu beschränken.

Abschließend werden Phänomene wie die Patentintensität in Clustern berücksichtigt, um die theoretischen Grundlagen zu vervollständigen.

2.2 Agglomerationen in einem Siedlungssystem

Wie im letzten Abschnitt erläutert, bilden städtische Agglomerationen und ländliche Räume in einem Kontinuum die beiden Kontrapunkte eines Siedlungssystems. Den Agglomerationsräumen mit Kernstädten im Zentrum schließen sich oftmals verstädterte Räume an. Als Restgröße hierzu werden ländliche Räume subsumiert.

Die Konzentration der Bevölkerung und auch der wirtschaftlichen Aktivität ist ein prägnantes Merkmal von Agglomerationen (Heineberg, 2007, S. 322). Im Rahmen der New Economic Geography (NEG) hat sich insbesondere Krugman (1998) mit den Kräften beschäftigt, welche eine differenzierte Raumstruktur und schließlich diese Konzentrationen hervorrufen. Ballung menschlicher Aktivitäten ist stets das Ergebnis von zwei entgegengesetzt wirkenden Kräften. Eine Kraft zur Ausbreitungsentwicklung in der Raumstruktur wird durch die günstigeren Flächen der Peripherie sowie das dort geringere Lohnniveau möglich. Ebenso wirkt die Politik weiter fördernd auf diesen Ausgleich ein. Abbildung 2.1 zeigt hierzu eine schematische Übersicht. Die wesentlichen Kräfte, welche entgegengesetzt eine räumliche Konzentration bewirken, sind Agglomerationsvorteile (Rosenthal & Strange, 2003).

Abbildung 2.1: Kräfte der Raumdifferenzierung
Quelle: Verändert übernommen nach Krugman (1998, S. 8)

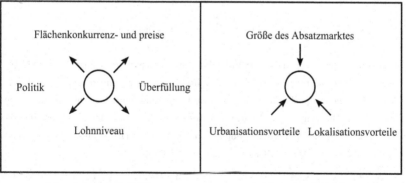

Insbesondere wenn die Verteilung von Unternehmen als zentrale Fragestellung untersucht wird, besitzen die genannten Kräfte der Siedlungsentwicklung einen hohen Erklärungsgehalt. Zahlreiche Studien kommen zu dem Ergebnis, dass sich Unternehmen in
Agglomerationen besonders häufig ansiedeln. Für die USA haben Goetz und Rupasingha
die Lokalisationsmuster von High-Tech-Unternehmen kleinräumig untersucht: Ländliche
Regionen verfügen demnach über signifikante Standortnachteile in der Anziehung von Unternehmen mit hohem Technologieeinsatz (Goetz & Rupasingha, 2002, S. 1235). In einer
vergleichbaren Arbeit kommt Schwartz für Israel zu sehr ähnlichen Befunden, wobei die
Konzentration von wissensintensiven Wirtschaftszweigen zu zwei Zeitpunkten betrachtet
wird. Die als Kernregion definierten Raumeinheiten konnten im Betrachtungszeitraum
ihre dominierende Stellung bei der Anziehung dieser Wirtschaftszweige bis auf margina-
le Ausnahmen weiter ausbauen (Schwartz, 2006). Agglomerierende Kräfte verfügen über
einen hohen Erklärungsgehalt hinsichtlich der Raumentwicklung und werden in den folgenden Abschnitten detailliert betrachtet.

2.3 Agglomerationsvorteile vs. Agglomerationsnachteile

Die wirtschaftliche Entwicklung verläuft in Raumsystemen niemals homogen, vielmehr
zählt gerade die Konzentration der wirtschaftlichen Aktivitäten zu den prägnantesten
Merkmalen jeder räumlichen Betrachtung (Krugman, 1991, S. 5). Wie erwähnt, werden
diese Ballungen maßgeblich von positiv wirkenden, externen Skalenerträgen verursacht
(Rosenthal & Strange, 2004, S. 2132ff.). Klassifiziert werden diese als Agglomerationsvorteile, welche in zwei Hauptkategorien voneinander zu unterscheiden sind:

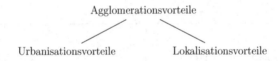

Das wesentliche Merkmal der Unterscheidung ist letztlich die Zugehörigkeit eines Unternehmens zu einer bestimmten Branche: Lokalisationsvorteile sind externe Skalenerträge,
welche durch die räumliche Konzentration von branchengleichen Unternehmen hervorgerufen werden. Die Wirkungen der drei Erklärungsansätze von Marshall (Zulieferer, Ar-
beistmarkt und Spillover) werden häufig als Lokalisationsvorteile zusammengefasst (Huisman & van Wissen, 2004, S. 291f.).

Davon zu trennen sind Urbanisationsvorteile, die ebenfalls externe Skalenerträge bezeichnen, aber durch die Ballung von Unternehmen mit unterschiedlichen Tätigkeiten

hervorgerufen werden. Sie sind ferner durch größere Absatzmärkte, die Nähe zu Infra-
struktureinrichtungen und leistungsfähige Verkehrswege bedingt. Somit sind Urbanisationsvorteile ein Kennzeichen urbaner Räume (Graham, 2009, S. 64). Diese beiden Agglo-
merationseffekte sind die Hauptdeterminanten zur Erklärung räumlicher Konzentration –
lediglich für Bodenschätze verarbeitende Unternehmen sowie die Handelsbranche müssen
andere Erklärungsansätze herangezogen werden (Braun, 2012, S. 59ff.).

2.3.1 Urbanisationsvorteile

Typischerweise sind Ballungen verschiedenster Branchen ein Merkmal urbaner Räume,
und somit sind Urbanisationsvorteile kausal an Städte gebunden. Über die Ballung von
verschiedenartigen Unternehmen hinaus bieten Metropolen oder verflochtene Metropolregionen eine Reihe von Vorzügen: Mit steigender Stadtgröße werden die Absatzmärkte für
Produkte naturgemäß größer, öffentliche Einrichtungen wie Schulen oder Weiterbildungs-
einrichtungen werden zahlreicher. Praktisch jede Art von Infrastruktur ist hier ausdifferenzierter vorhanden und durch die Nachfrager komfortabler und schneller zu erreichen
(Fujita & Thisse, 2013, S. 8f.).

Walter Isard zählt zu den ersten Autoren, der sich mit den Produktionsfunktionen in
urbanen Räumen beschäftigt hat. Isard (1956, S. 184ff.) erkannte beispielsweise anhand
von Energieversorgern, dass sich eine steigende Zahl von Einwohnern lange Zeit positiv
für diese Unternehmen auswirkt. Ab einer gewissen Größe (Isard beziffert Werte nicht
explizit) steigen die Kosten zur Instandhaltung der Netze und Leitung jedoch so stark
an, dass „diseconomies of scale" zur Entfaltung kommen. Jegliche Art von Infrastruktur
entfaltet nach seiner Meinung in einer mittleren Stadtgröße den optimalen Nutzen für den
Erzeuger und den Konsument (vgl. Abbildung 2.2).

Abbildung 2.2: Hpothetical economies of scale with urban size
        Quelle: Eigene Darstellung nach Isard (1956, S. 187).

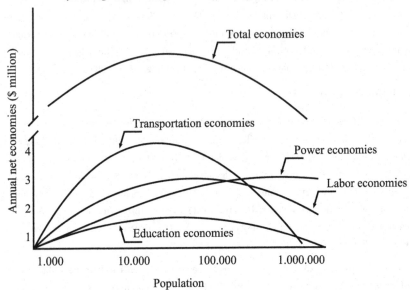

Die Ausführungen von Isard waren noch nicht empirisch hinterlegt, daher sind auch die Zahlen in der Abbildung 2.2 nur von didaktischem Wert. Zum heutigen Zeitpunkt kann selbstverständlich auf zahlreiche empirische Arbeiten zurückgegriffen werden, die vergleichbare Thesen ökonometrisch untermauert haben:

Cervero untersucht zu Urbanisationsvorteilen die wirtschaftliche Leistungsfähigkeit von Stadtregionen, in denen sich menschliche Aktivitäten wie Wohnen und Arbeiten räumlich konzentrieren. Seine Analyse vollzieht er in zwei Größendimensionen: Auf der Makroebene werden 47 Metropolregionen der USA und in der Mikroebene einzelne Distrikte der Bay Area rund um San Francisco in Kalifornien untersucht. Die erklärte Variable seiner Arbeit ist die durchschnittliche Produktivität, welche ein Beschäftigter erzielen kann. Die Regressoren sind allesamt Proxy Variablen für die räumliche Dichte: Bevölkerung, Anzahl der Unternehmen und die Nutzungsintensität der vorhandenen Infrastruktur. Cervero kann nachweisen, dass die steigende Stadtgröße die Transaktionskosten verringert und die hohe Dichte von stattfindenden Wirtschaftsaktivitäten in Metropolregionen auf den Regressand einen positiven und signifikanten Einfluss ausüben. Weiter schreibt er gut funktionierenden Transportsystemen und der somit guten Konnektivität zwischen den Funktionen Wohnen und Arbeiten einen statistisch signifikanten Effekt für die erhöhte Produktivität zu. Die Resultate seiner Analyse auf der Makro- und Mikroebene beschreibt er als konsistent (Cervero, 2001, S. 1667ff.).

Nach Bertinelli & Strobl (2007, S. 2500) wurde der Zusammenhang zwischen der Urbanisation, verstanden als der in den Städten lebende Anteil der Bevölkerung, und dem wirtschaftlichen Wachstum zwar häufig deskriptiv überprüft, jedoch selten ökonometrisch untermauert. Daher überprüfen sie diesen Zusammenhang anhand von Paneldaten für zahlreiche sich entwickelnde Volkswirtschaften. Ihr Kernergebnis lautet, dass eine wachsende Urbanisierung die wirtschaftliche Entwicklung eines Landes forciert. Dieser Zusammenhang verläuft jedoch nicht linear; ab einem gewissen Level verläuft die wirtschaftliche Entwicklung innerhalb eines Staates unabhängig von der Urbanisation (Bertinelli & Strobl, 2007, S. 2606).

Auf der Suche nach speziellen Vorteilen von Städten abseits der reinen Dichte ist die Arbeit von Glaeser zu nennen: Glaeser (1999, S. 255) spricht großen Städten einen Vorteil zu, welcher seiner Ansicht nach die übrigen Vorteile einer Stadt noch überragt; es sind die vielfältigen Möglichkeiten zu Lernen. Dies gilt für die formalen Möglichkeiten des Lernens an den Einrichtungen der Aus- und Weiterbildung bis hin zu den Hochschulen, aber auch für das wechselseitige Lernen voneinander gleichermaßen. Die für Städte charakteristische Dichte in Bezug auf die Bevölkerung, die Arbeitsplätze und die Unternehmen bietet ein höheres Potenzial für das Entstehen von Kontakten und somit auch die Chance, von den Erkenntnissen und Erfahrungen anderer zu profitieren. Für die von Glaeser aufgeworfene, stark theoretisch formulierte Idee finden sich in der Literatur empirische Belege. Die zeitgleich entstandene Arbeit von Black & Henderson (1999, S. 279) liefert Ergebnisse, welche Glaeser in Bezug auf das Lernen bestätigen.

Eine weitere Herangehensweise für die Analyse von Urbanisationsvorteilen nutzen Guimaraes et al., indem sie die Ziele ausländischer Direktinvestitionen in neu gegründeten Unternehmen Portugals durch einen Paneldatensatz untersuchen. Sie befinden, dass die Urbanisationsvorteile die branchenspezifischen Lokalisationsvorteile bei weitem in ihrer Wirkung übertreffen (Guimaraes et al., 2000, S. 133).

Fu und Hong merken an, dass es in Bezug auf Urbanisationsvorteile methodisch anspruchsvoll ist, zwischen den förderlichen Effekten großer urbaner Räume und jenen, welche sich aus der hier zwangsläufig diversifizierten Wirtschaftsstruktur ergeben, zu diskriminieren. Abseits von Branchen kommen sie zu dem Ergebnis, dass Unternehmen mit nur wenigen Beschäftigten stärker von Urbanisationsvorteilen profitieren als Großunternehmen. Eine nähere Begründung hierzu nennen die Autoren jedoch nicht (Fu & Hong, 2011, S. 598).

Andere Autoren konnten die förderlichen Wirkungen von Ballungen verschiedener Branchen hingegen nicht empirisch belegen. Beispielsweise kann Henderson für die USA trotz Verwendung eines Paneldatensatzes über einen Zeitraum von 20 Jahren in über 740 Verwaltungseinheiten keine Urbanisationseffekte nachweisen (Henderson, 2003). Trotz der Tatsache, dass empirische Befunde zu Urbanisationsvorteilen sehr unterschiedlich und mitunter widersprüchlich ausfallen (Farhauer & Kröll, 2013, S. 120f.), bleibt es ein Thema von hoher regionalökonomischer Relevanz. Für Unternehmen und die Akteure der Wirtschaftsförderung ist es von großem Belang, die Effekte einer gegebenen Branchenstruktur für ein neu hinzukommendes Unternehmen abschätzen zu können. Die vorliegende Arbeit versucht, diesen Aspekt in den ökonometrischen Modellen adäquat zu erfassen.

2.3.2 Lokalisationsvorteile

Lokalisationsvorteile sind im Gegensatz zu Urbanisationsvorteilen etwas vielschichtiger, da sie auf mehreren Komponenten beruhen. Die erstmalige Beschreibung der Lokalisationsvorteile wird dem britischen Ökonomen Alfred Marshall zugeschrieben (Marshall, 1890). Diese branchenbezogenen Größenvorteile beruhen auf drei grundlegenden Bausteinen (Krugman & Obstfeld, 2006, S. 136ff.):

- Es besteht regional eine hohe Dichte spezialisierter, untereinander im Wettbewerb stehender Zulieferer. Dies ermöglicht durch geringere Transportkosten den Bezug von Vorleistungsgütern zu günstigeren Preisen. Ferner sind potenzielle Kooperationspartner in großer Vielfalt persönlich erreichbar.

- Der Zugang zu Arbeitskräften mit passender Qualifikation gestaltet sich leichter, denn entsprechend ausgebildete Mitarbeiter sind in spezialisierten Regionen häufiger anzutreffen. Auch für die Beschäftigten sind diese Ballungen vorteilhaft, denn ihr Risiko, von Arbeitslosigkeit betroffen zu sein, ist geringer, da sie bei einer Vielzahl von Arbeitgebern eine Beschäftigung aufnehmen könnten.

- Die Spillover von implizitem Wissen: Lokal betrachtet bilden Unternehmen, Zulieferer und die Beschäftigten ein soziales Gefüge, in welchem neues Wissen effizient generiert, transferiert und neu kombiniert werden kann. Solche Spillover haben nur eine begrenzte räumliche Reichweite.

Nach (Harrison et al., 1996, S. 236) eint sie trotz der verschiedenen Ursachen eine Gemeinsamkeit: Intra-industrielle Lokalisationsvorteile eröffnen die Möglichkeit, Input-

Faktoren zu teilen und somit externe Skalenerträge zu erzielen. Da Lokalisationsvorteile im ökonometrischen Teil dieser Arbeit den thematischen Schwerpunkt[1] darstellen, sollen einige zentrale Befunde aus der Literatur zu diesen Vorteilen rekapituliert werden. Die Strukturierung erfolgt anhand der drei bereits von Marshall (1890) identifizierten Vorteile (Zulieferer, Arbeitsmarkt, Spillover).

Zulieferer

Eine regionalwirtschaftliche Analyse beschränkt sich selten auf eng definierten Wirtschaftszweige. Die gängigen Definitionen von Clustern und Industriedistrikten leiten darauf hin, die bestehenden Lieferverflechtungen zu anderen Unternehmen ebenfalls zu betrachten (Sautter, 2004, S. 68). Unter den vielen denkbaren Verflechtungen (Großhändler, Endkunden etc.) scheint die räumliche Nähe eines Unternehmens zu seinen Zulieferern besonders viele Vorteile zu entfalten. Eine beispielhafte Übersicht zu der Vielzahl dieser Vorteile findet sich in Reichhart & Holweg (2008, S. 57f.). Sie bilden zur Strukturierung des Phänomens drei Kategorien (Benefits of modular supply (i); Benefits of co-location (ii); Incremental benefits of formal supplier parks (iii)) und differenzieren diese anhand von konkreten Beispielen aus. Die nachfolgende Tabelle 2.1 zeigt die wesentlichen Vorteile der Lokalisierung in enger räumlicher Nähe zu seinen Zulieferern.

Tabelle 2.1: Vorteile räumlicher Nähe zu Zulieferern
Verändert nach Reichhart & Holweg (2008, S. 57f.)

Benefits of modular supply (i)
Rückzug auf eigene Kernkompetenzen
Erhöhte Fexibilität
Erhöhte Innovationsgeschwindigkeit
Reduktion der Fertigungstiefe
Benefits of co-location (ii)
Reduzierte Transportkosten
Erhöhte Zuverlässigkeit der Lieferung
Problemlösungen in Form von face-to-face
Incremental benefits of formal supplier parks (iii)
Synergieeffekte
Vereinfachte soziale Interaktion

Hafner analysiert wirtschaftlichen Erfolg von Unternehmen in Abhängigkeit der Lagerelation und nutzt dafür die Umsätze als Proxyvariable. Der Nähe zu Zulieferern attestiert er einen eindeutig positiven, umsatzwirksamen Effekt, welcher für praktisch jede Branche

[1]Ergebnisse in Kapitel 6

zum Tragen kommt. Nochmals stärker ausgeprägt ist dieser Effekt für wissensintensive Unternehmen. Innerhalb der exakt gleichen Branchen findet er hingegen keinen empirischen Beleg für diese externen Effekte (Hafner, 2013, S. 2947).

Für die weiterführende Lektüre sei Lamming *et al.* (2000, S. 687) empfohlen, welche aufbauend auf eigenen Untersuchungen eine Klassifikation von Zulieferer-Netzwerken entwerfen und dabei im Innovationsgrad der Endprodukte das Hauptargument sehen, auf welche Weise die Abnehmer ihre Supply-Chain konfigurieren.

Arbeitsmarkt

Zahlreiche Arbeiten zu Arbeitsmärkten in der Regionalökonomie versuchen letztlich, die Beschäftigungsentwicklung in einem bestimmten Zeitraum zu erklären. Es ist insbesondere von Interesse, den Blick auf Regionen mit guten Entwicklungen zu richten und die Erklärung in der regionalen Wirtschaftsstruktur zu suchen.

Den in der vorliegenden Arbeit interessierenden Aspekt, die Vorteile für ein einzelnes Unternehmen durch die Verortung in einem spezialisierten Arbeitsmarkt zu ergründen, wurde bislang praktisch nicht aufgriffen. Zu den bedeutendsten Arbeiten zur Arbeitsmarktentwicklung in Deutschland zählt die Arbeit[2] von Dauth. Er berechnet Konzentrationsmaße und verwendet diese in seinem ökonometrischen Modell zur Erklärung des Wachstums an Beschäftigungsverhältnissen. Der Kernbefund für Regionen mit Beschäftigungsaufbau im Betrachtungszeitraum lautet: Es gibt eine positive Korrelation zwischen der Dynamik und dem Grad der wirtschaftlichen Agglomeration (Dauth, 2010, S. 24). Auch andere Langzeitstudien zur regionalen Verteilung von Arbeitsplätzen zeigen über die Zeit eher stärker werdende Konzentrationserscheinungen. Beispielsweise gilt dieser Befund auch für die USA, wobei dieses Ergebnis maßgeblich von den Dienstleitungsarbeitsplätzen hervorgerufen wird (Desmet & Fafchamps, 2005, S. 282).

Für Baden-Württemberg haben Krumm und Strotmann eine Arbeit verfasst, welche hinsichtlich der Methodik besondere Beachtung verdient. Sie verwenden einen Paneldatensatz auf der Ebene einzelner Unternehmen mit ansonsten unzugänglichen Daten des Statistischen Landesamtes Baden-Württemberg. Dort liegen sowohl der Anteil an den Beschäftigten als auch der Beitrag zum BIP durch die Industrie deutlich oberhalb des bundesdeutschen Vergleichswertes. Die Autoren untersuchen das Wachstum der Arbeitsplätze in der Industrie aufgrund von operationalisierten Standorteigenschaften. Regionale Effekte für die Gesamtbeschäftigung werden in ihrer Analyse durch die Größenstruktur der

---

[2]Das IAB als Forschungseinheit der Bundesagentur für Arbeit in Nürnberg verfügt über detaillierte Daten zur Beschäftigung in Deutschland, der Autor zieht zur Berechnung alle sozialversicherungspflichtig Beschäftigten der alten Bundesländer heran.

Unternehmen erklärt. Je kleiner die durchschnittliche Firmengröße in einer Region ist, desto höher ist zunächst die Wachstumsrate der Beschäftigung. Anderseits bedeutet ein höherer Grad an Lokalisation von Unternehmen der gleichen Branchen gleichzeitig keine höheren Wachstumsraten. Die Ausstattung mit Verkehrsinfrastruktur (geringe Fahrzeiten zu nächstgelegenen Autobahnen, Güterverkehrszentren und Flughäfen) zeigt wiederum signifikant positiven Einfluss auf die Beschäftigungsentwicklung in den Unternehmen (Krumm & Strotmann, 2013, S. 38ff.).

Spezialisierte Wirtschaftsräume sind immer auch denkbare Orte der Verdrängung und Verlagerung der Beschäftigung. Das Wachstum des einen Unternehmens kann selbstverständlich in Einbußen bei benachbarten Unternehmen hinsichtlich der Beschäftigung münden. Anhand von neu in den Markt eintretenden Unternehmen scheint dieser Sachverhalt auch empirisch belegt. Denn Beschäftigungszuwachs in neu gegründeten Unternehmen übt einen negativen Einfluss auf die weiteren Zuwächse in den bereits bestehenden Unternehmen aus (Hoogstra & van Dijk, 2004, S. 189).

Das Beschäftigungswachstum einer wirtschaftlich spezialisierten Region zeigt im Zeitablauf in der Regel größere Varianzen im Vergleich zu Regionen, welche über eine diversifizierte Sektoralstruktur verfügen. Den empirischen Nachweis für Deutschland haben Farhauer und Kröll geführt: Die Beschäftigungseffekte in spezialisierten Regionen fallen in Abhängigkeit von Nachfragebedingungen deutlich positiver, bei strukturellen Krisen aber auch entsprechend deutlich negativer aus als in wenig spezialisierten Räumen (Farhauer & Kröll, 2010, S. 9f.).

Es bleibt festzuhalten, dass sehr viele bisherige Arbeiten die Beschäftigungsentwicklung in Arbeitsmarktregionen in der Wechselwirkung zur wirtschaftlichen Struktur untersucht haben. Die Datenverfügbarkeit für entsprechende Ansätze ist in Europa, Deutschland und seinen Bundesländern ausgesprochen gut. Die Statistischen Ämter bieten in der Regel die entsprechenden Daten zum Arbeitsmarkt und zur Beschäftigung nach sogenannten Wirtschaftsabschnitten[3] auf Ebene der NUTS-3-Regionen zur weiteren Verwendung an. Jedoch haben sich bislang sehr wenige Arbeiten mit den förderlichen Effekten beschäftigt, welche die Ausgestaltung eines regionalen Arbeitsmarktes auf ein einzelnes Unternehmen haben kann, wie die Theorie dies annähert. Die vorliegende Arbeit wird versuchen,

---

[3]Land- und Forstwirtschaft, Fischerei; Bergbau und Gewinnung von Steinen und Erden; Verarbeitendes Gewerbe; Energieversorgung, Wasserversorgung; Baugewerbe; Handel, Instandhaltung und Reparatur von Kfz; Verkehr und Lagerei; Gastgewerbe; Information und Kommunikation; Finanz-, Versicherungsdienstleistungen; Grundstücks- und Wohnungswesen; Freiberufliche, wissenschaftliche und technische Dienstleistungen; Sonstige wirtschaftliche Dienstleistungen; Öffentliche Verwaltung, Verteidigung, Sozialversicherung; Erziehung und Unterricht; Gesundheits- und Sozialwesen; Kunst, Unterhaltung und Erholung; Sonstige Dienstleistungen; Private Haushalte; Exterritoriale Organisationen und Körperschaften

hierzu einen Beitrag zu leisten: Die Zahl der beschäftigten Arbeitnehmer ausgewählter Wirtschaftszweige innerhalb eines bestimmten Radius dient dabei als erklärende Variable unternehmerischen Erfolges für jedes betrachtete Unternehmen.

Spillover

Spillover können als informeller Austausch von Informationen zwischen Individuen verstanden werden (Krugman & Obstfeld, 2006, S. 138). Marshall vermutet, dass Spillover für Unternehmen einen Anreiz darstellen, mittelfristig keine Standortverlagerungen vorzunehmen: „When then an industry has once chosen a locality for itself, it is likely to stay there long: so great are the advantages which people following the same skilled trade get from near neighbourhood to one another" (Marshall, 1890, Buch IV, Kapitel 10, S. 332).

Dieser permanente Austausch findet zwischen Unternehmen selbst und natürlich auch zwischen Unternehmen und Forschungseinrichtungen statt. Unter Unternehmen gilt die Stärke der Spillover als besonders ausgeprägt, sofern diese der gleichen Branche angehören (Orlando, 2004). Für Produktivitätszuwächse durch Spillover gehen von dieser technologischen Nähe stärkere Effekte aus als von rein geographischer Nähe (Aldieri & Cincera, 2009, S. 206).

Dennoch wird Spillover-Effekten eine begrenzte räumliche Ausdehnung attestiert (Audretsch & Feldman, 2004). Hinsichtlich der Reichweiten gelten in der amerikanischen Literatur die Distanzen von 50 bis 75 Meilen als Näherung, innerhalb welcher noch signifikante Effekte von Spillovern nachweisbar sind (Acs et al., 2002, S. 1076). Andere Autoren halten Spillover hingegen nur in wesentlich kleineren Maßstäben für wirksam (Rosenthal & Strange, 2001). Diese Distanzabhängigkeit gilt selbstverständlich nicht für jede Art von Unternehmenskooperation in gleicher Art und Weise. Kooperationen in vertikaler Dimension überwinden größere Distanzen, während jene zu gleichartigen Unternehmen auf der horizontalen Ebene meist nur in einem engem räumlichen Umgriff zu beobachten sind. Ferner zeigen kleine Unternehmen eine besondere Präferenz für Kooperationen in nahen Distanzen und verfügen über eine geringere Kooperationsintensität mit Hochschulen, verglichen mit Unternehmen der mittleren Größenordnung (Koschatzky & Sternberg, 2000, S. 494).

Große Teile der bisherigen Literatur operationalisieren Spillover über die Meldung von Patenten. Dabei wird der Frage nachgegangen, ob es räumliche Schwerpunkte gibt, in denen besonders häufig Patente angemeldet werden. Weitere Fragen sind die Wechselwirkungen zwischen der Hochschullandschaft (insbesondere Technische Universitäten) und dem Output an Patenten in den benachbarten Unternehmen.

Patente als Proxy für Spillover zu verwenden ist jedoch durch einige Schwächen gekennzeichnet: Erstens wird nicht jede technische Neuerung auch als Patent angemeldet. Zweitens ist die Eintragung als Patent kein Garant für den Markterfolg des Produktes oder der Dienstleistung. Drittens müssen der Ort der Entwicklung und der spätere Ort der Anmeldung (Headquarter) nicht notwendigerweise übereinstimmen.

Da sich Spillover über administrative Grenzen bewegen, wird die unreflektierte Verwendung dieser Grenzlinien in Modellen oftmals als limitierender Faktor angesehen (Audretsch & Feldman, 2004). Vergleichsweise wenige Autoren versuchen die Wirksamkeit von Spillover zu überprüfen und dabei den unternehmerischen Erfolg in den Fokus zu nehmen. Bezogen auf die Umsätze von Unternehmen kann Henderson für die USA die förderlichen Effekte von Spillover empirisch belegen, indem er Daten auf der Ebene von tatsächlichen Betriebsstätten verwendet. Allerdings schränkt er diesen Befund auf Industriezweige mit hohem Technologieeinsatz ein, für metallverarbeitende Branchen hingegen lassen sich die entsprechenden Effekte nicht nachweisen. Die Reichweiten der Spillover beschränken sich aus seiner Sicht auf die Verwaltungseinheiten amerikanischer Countys (Henderson, 2003, S. 24). Oerlemans und Meeus können für Umsätze als erklärte Variable ebenfalls nachweisen, dass diese durch Spillover der Forschungs- und Entwicklungsarbeit anderer Unternehmen in signifikanter Weise positiv beeinflusst werden (Oerlemans & Meeus, 2005, S. 100).

Jedoch lassen sich wie stets auch konträre Befunde zu diesen Hypothesen finden. Anhand einer regionalökonomischen Untersuchung aus Uruguay halten Kesidou und Szirmai die monetäre Messbarkeit lokalisierter Spillover (LKS) hingegen für nicht gegeben: „While LKS affect the innovative performance of the firms directly in a positive manner, they do not influence their economic performance directly" (Kesidou & Szirmai, 2008, S. 17).

Zusammenfassend muss festgehalten werden, dass von den drei Effekten nach Marshall die Spillover als größte Herausforderung hinsichtlich der Operationalisierung zu werten sind (Jaffe et al., 1993). Krugman formuliert hierzu: „By their nature, spillovers of knowledge are elusive and difficult to calculate; because they represent non-market linkages between firms, they do not leave a „paper trail" by which their spread can be traced" (Krugman, 1987, S. 139).

Als Konsequenz aus den dargelegten Befunden wird die vorliegende Arbeit den Versuch unternehmen, Spillover über die geographische Nähe und die branchenbezogene Ähnlichkeit zu modellieren. Das Modell bezieht somit seine Daten aus der Gänze des verwendeten Datensatzes und nicht nur aus einer verkleinerten Stichprobe tatsächlich innovierender Unternehmen, wie dies im Fall von Patenten gegeben wäre. Insbesondere mit Blick auf die Branchen ist interessant, in welcher Variation die Unternehmen in Relation zu ihrer Haupttätigkeit von Spillover profitieren können.

2.3.3 Agglomerationsnachteile

Die Vorteile, sich in einem spezialisierten Wirtschaftsraum oder einer vielleicht weniger spezialisierten Metropole niederzulassen, scheinen vielfältig und mächtig zu sein. Falls singulär diese Mechanismen der Agglomeration wirksam wären, wäre die räumliche Konzentration von Unternehmen noch stärker, als sie derzeit zu beobachten ist. Wie stark einzelne Branchen letztlich räumlich geclustert sind, haben Ellison & Glaeser (1997) eingehend für die USA untersucht. Sie schlagen hierzu einen Index vor, der es vermag, zwischen first nature und second nature Kräften der Agglomeration (vgl. Abschnitt 2.1) zu diskriminieren. Ein Ergebnis ihres viel beachteten Aufsatzes ist, dass von 459 fein gegliederten Industriezweigen ganze 446 stärker räumlich konzentriert[4] sind, als wenn sie rein zufällig im Raum verteilt wären (Ellison & Glaeser, 1997, S. 907).

Dass die maximal mögliche räumlichen Konzentration einer Branche in einer Stadt nicht erreicht wird, hat nach Krugman (1998) verschiedene Ursachen. Er zählt hierzu die Kunden und Abnehmer, welche ihrerseits eben nicht räumlich konzentriert sind. Ferner benennt er auch sog. Agglomerationsnachteile: Stark erhöhte Faktorkosten, eine überfüllte Infrastruktur sowie Begleiterscheinungen von Metropolen wie eine erhöhte Kriminalität.

Einen gut strukturierten Überblick zu den gleichen und weiteren Nachteilen der Lokalisation in Agglomerationen liefert Prevezer (1997). Zu den Nachteilen zählt sie den intensivieren Wettbewerb um Flächen und Arbeitskräfte. Dieser schlägt sich explizit in höheren Preisen für Immobilien und höheren Löhnen nieder. Der ausgeprägtere Wettbewerb unter den Unternehmen resultiere schließlich in geringen Gewinnen (Prevezer, 1997, S. 259). Ab welcher Größe einer Ballung diese beschriebenen „diseconomies of agglomeration" wirksam werden, haben Folta et al. (2006) untersucht. Sie argumentieren anhand ihrer Untersuchung für amerikanische Unternehmen der Biotechnologie, dass negative Effekte ab einer Größenordnung von 65 Unternehmen in engem räumlichen Umgriff auftreten (Folta et al., 2006, S. 238).

---

[4]In einer späteren Arbeit relativieren sie ihre Erkenntnisse aus dem Jahr 1997. Sie räumen ein, gerade das Fehlen von Branchenclustern in einigen Regionen durch ihr Modell nicht erklären zu können. In der Arbeit aus dem Jahr 1999 betonen beide die Bedeutung der first nature Vorteile viel stärker als zuvor: Sie vermuten, dass etwa die 20% der beobachtbaren räumlichen Konzentration durch physische Ursachen (Gewässer, Rohstoffe) erklärt werden können (Ellison & Glaeser, 1999, S. 315f.).

2.4 Wirtschaftliche Cluster

Mit dem Begriff der Agglomeration (siehe Abschnitt 2.2) ist auch der Begriff der Clusterung eng verwandt (Gordon & McCann, 2000, S. 515). Diese Verwandtschaft resultiert aus der begrifflichen Vielfalt, denn Agglomerationen werden in der breiten Öffentlichkeit oftmals als Cluster bezeichnet. Unter den Definitionen zu Clustern nimmt jene von Porter eine Sonderposition ein. Porter erklärt: „A cluster is a group of industries connected by specialized buyer-supplier relationships or related by technologies or skills" (Porter, 1996, S. 85).

Diese Definition hat Porter vier Jahre später nochmals um einige detaillierende Attribute erweitert. Er folgert zur Ballung wirtschaftlicher Aktivität folgendermaßen: „Clusters are geographic concentrations of interconnected companies, specialized suppliers, service providers, firms in related industries, and associated institutions (e.g., universities, standards agencies, trade associations) in a particular field that compete but also cooperate" (Porter, 2000, S.15).

Das Hauptargument seiner Überlegungen sind die Vorteile der geographischen Nähe der involvierten Wirtschaftssubjekte. Hinsichtlich der abgedeckten Reichweiten und der agierenden Branchen äußert sich Porter hingegen nur vage, er führt die Spannweite von benachbarten Staaten bis hin zu Regionen an (Porter, 2000, S. 17f.).

Eine abgeleitete, aber aufgrund ihrer Kürze nennenswerte Definition von Clustern stammt von Sautter, welcher feststellt: „Zwei zentrale Merkmale definieren also ein Cluster: Die räumliche und die sektorale Konzentration in einer Wertschöpfungskette" (Sautter, 2004, S. 66).

Cluster sprechen gemäß dieser zuletzt genannten Definitionen, im Gegensatz zu den ersten Überlegungen der regionalen Spezialisierung, weitere Attribute an (Universitäten, Fachverbände), welche ein regional spezialisiertes Produktionsnetzwerk charakterisieren.

Zusammenfassend lässt sich feststellen, dass Ballungen die Transaktionskosten senken. Storper und Scott fassen diese thematische Breite prägnant zusammen: „Geographical concentration lowers the costs of [...] transactions and raises the probability of successful matching for all parties" (Scott & Storper, 2007, S. 195).

2.4.1 Historische Entwicklung der Cluster

Das dynamische Wachstum des Welthandels stellte viele Unternehmen zum Ende des letzten Jahrtausends vor neue Herausforderungen. Gerade von Großunternehmen geprägte

Regionen gerieten im Fall deren Niedergangs in teilweise ernsthafte, strukturelle Krisen (Piore & Sabel, 1985). Einige sogenannte Industriedistrikte[5] können sich in einer stärker werdenden Internationalisierung dennoch behaupten, da sie auf regionaler Ebene die Stabilität der Unternehmen und vor allem die Beschäftigungsverhältnisse sicherstellten (Scott, 1988, 43ff.). Bathelt & Glückler (2002, S. 182) leisten zu diesen Forschungen eine didaktisch gehaltvolle Aufbereitung: Sie halten fest, dass die besondere Eigenschaft von Industriedistrikten in der engen institutionellen Vernetzung der Unternehmen und Einrichtungen liegt, welche eine effiziente Informationsweitergabe über veränderte Marktbedingungen gewährleistet. Trotz der Tatsache, dass es sich lediglich um historische Fallstudien handelt, halten einige Autoren dies auch in naher Zukunft für ein entscheidendes Kriterium der Regionalentwicklung. Camagni formuliert beispielsweise hierzu:

„In synthesis, globalisation certainly enhances the competitive climate in which firms operate. In order to cope with this condition, and with the consequent increasing level of dynamic uncertainty (about markets, technologies, successful organisational models), firms more and more rely on high-quality human capital, on devices or ‚operators' allowing fast information assessment and transcoding, and on forms of co-ordination and cooperation. As a consequence, directly or indirectly, through explicit locational decisions or through the selective effects of competition, they favour and support those territories that supply these new ‚relational' factors" (Camagni, 2002, S. 2406).

Für einen Überblick zu Industriedistrikten ist insbesondere das Werk von Piore und Sabel geeignet. Sie liefern in globalem Maßstab eine Deskription der wesentlichen Industriedistrike, welche sie als „communities" bezeichnen, und verweisen dabei insbesondere auf die verbindenden Aspekte innerhalb dieser Zusammenschlüsse (Piore & Sabel, 1985, S. 294ff.). Scott hebt an dieser Stelle auch die Bedeutung der politischen Einbettung von regionalwirtschaftlichen Aktivitäten hervor. Die Kommunalregierungen der Industriedistrikte des dritten Italien sind eher auf der linken Seite des politischen Spektrums zu verorten, jedoch führte die erzielte Konstanz am Arbeitsmarkt in Bezug auf die Beschäftigung in den Manufakturen zu einem gedeihlichen Einklang von Politik und Wirtschaft (Scott, 1988, S. 110).

Mit Blick auf die Gemeinsamkeiten ist die thematische Schnittmenge von Industriedistrikten und Clustern groß, denn es bestehen viele Querbezüge. Neben den traditionellen Industriedistrikten und den zuletzt stärker diskutierten Clustern existiert eine Vielzahl

---

[5]In Europa insbesondere beschrieben und erforscht an den Gebieten des sog. „Dritten Italien". Das Land gliedert sich in drei große Wirtschaftsräume: Die nördlichen Gebiete zwischen Mailand, Turin und Genua sind stark industriell geprägt. Die Regionen des Südens gelten als die wirtschaftlich schwächsten. Das Dritte Italien im Nordosten ist eine durch Handwerk und Manufakturen geprägte Produktionsregion mit damals guten Beschäftigungsaussichten für die Bevölkerung.

weiterer Sonderformen. Eine viel beachtete Typisierung hierzu stammt von Markusen. Sie vergleicht Agglomerationen vom Typ der industriellen Ballungen nach Marshall mit Industriedistrikten der italienischen Prägung und abstrahiert schließlich auf eigene Klassifikationen. Im Ergebnis versucht sie, den Zusammenhang zwischen der wirtschaftlichen Leistung einer Region und der räumlichen und sozialen Konfiguration der Unternehmen zu erörtern. Überdurchschnittliches wirtschaftliches Wachstum von US-Regionen über die Zeit kann sie jedoch nicht eindeutig mit einem Typus in Einklang bringen. Vielmehr schließt sie, dass Mischformen der vorteilhaften Aspekte aus den einzelnen Formationen ursächlich mit dem Wachstum der Regionen zusammenhängen (Markusen, 1996).

Ferner ist zu beobachten, dass einige jüngere Arbeiten sich deutlich restriktiver zur Bedeutung des sozialen Gefüges innerhalb von Clustern äußern (Matuschewski, 2006, S. 421). Analog zur Debatte um weiche und harte Standortfaktoren könnten objektiv messbare Phänomene wieder eine Renaissance erfahren. Es scheint ein durchaus sinnvolles Unterfangen zu sein, einzelne Cluster auch qualitativ zu erforschen. Das resultierende Problem besteht jedoch in der Übertragbarkeit – kaum ein Befund dürfte sich auf andere regionale Formationen ohne weiteres übertragen lassen. Eine Übersicht zu diesen Einschränkungen liefern Bathelt & Glückler (2002, S. 188).

Für die vorliegende Arbeit resultiert dies in der Konsequenz, dass durch die Anwendung quantitativer Methoden letztlich objektiv nachvollziehbare Ergebnisse[6] erzielt werden.

2.4.2 Das zentrale Merkmal der Cluster: Kurze Distanzen

Ein wesentliches Merkmal zahlreicher regionalökonomischer Fragestellungen ist die Distanz. Der Distanzbegriff selbst lässt sich in verschiedene Dimensionen untergliedern. Es ist dabei nach Haas & Neumair (2008, S. 21ff.) zwischen den folgenden Ausprägungen zu unterscheiden:

- Einer physischen Distanz, ermittelt über Längenmaße.

- Der ökonomischen Distanz, wirksam über Transportkosten oder die benötigte Zeit.

- Einer sozialen Distanz zwischen verschiedenen Milieus.

Als vierte Dimension ist nach Aldieri & Cincera (2009) noch die technologische Distanz zu nennen. Sie beschreibt, dass Unternehmen aus gleichen und nahe verwandten Branchen sich insgesamt ähnlicher sind. In der Regel sehen sich Unternehmen mit ähnlichen Tätigkeitsschwerpunkten auch mit vergleichbaren Problemstellungen konfron-

---

[6]Wesentliche Teile der eigenen empirischen Analysen des Raumsystems erfolgen mit Open-Source-Produkten, welche von jedermann zu vergleichbaren Arbeiten kostenfrei genutzt werden können.

tiert. Spillover-Effekte sind bei technologischer Nähe wahrscheinlicher.

Im Rahmen der vorliegenden Arbeit fungiert die physische Distanz als zentrales Instrument der Analyse. Aufgrund steigender Kapazitäten der globalen Datennetze vermuten einige Autoren mitunter, dass die physische Distanz künftig ihre Relevanz einbüßen werde. Einen Überblick zur Thematik liefert Kolko (2000). Dohse *et al.* (2005) zeigen allerdings, dass sich die Raumstruktur bislang nicht grundlegend gewandelt hat. Für Produktionsprozesse mit hoher technologischer Reife ist zwar eine Aufwertung suburbaner Räume zu beobachten. Hingegen sind hochrangige Management- und Entscheidungsfunktionen an Agglomerationen gebunden. Dies gilt insbesondere dann, wenn ein hohes Maß von persönlichem Austausch zur Verarbeitung von Information notwendig ist.

Geringe Distanz erschließt die Möglichkeiten der Nähe, etwa die Form der Kommunikation von Angesicht zu Angesicht. Intensiver Austausch zwischen Individuen erlaubt die Rekombination des Bekannten und ermöglicht die Genese neuen Wissens. Räumliche Nähe zwischen Akteuren erschließt die tiefere inhaltliche Auseinandersetzung mit neuen Themen und ist dabei die treibende Kraft der Problemlösung. Tacit knowledge[7] kommt hier die Besonderheit zu, dass es nicht über große Entfernungen hinweg zu transferieren ist (von Einem, 2011, S. 134ff.). Es gilt dann als besonders wichtig, wenn die gefertigten Produkte hinsichtlich ihres Produktlebenszyklus als jung zu bezeichnen sind und die Anzahl der involvierten Unternehmen gering ist (Wal & Boschma, 2011, S. 929). Storper und Venables nennen den organisierten, informellen Austausch von Angesicht zu Angesicht „buzz", welcher neben dem Nutzen auch Kosten für die Partizipation in einem solchen Netzwerk mitbringt. Innerhalb der Gruppenmitglieder profitieren jene mit den höchsten intellektuellen Fähigkeiten am stärksten von diesem Austausch. Buzz ist auch ein entscheidendes Moment bei der Lokalisation komplementärer Wirtschaftszweige. So befinden sich Design- und Unterhaltungsunternehmen oder Hochtechnologieunternehmen und Regierungsinstitutionen oftmals in räumlicher Vergesellschaftung (Storper & Venables, 2004, S. 364ff.).

Das zentrale Merkmal der Industriedistrikte (vgl. Abschnitt 2.4.1), das gegenseitige Vertrauen, wurde auch in ökonometrischen Analysen aufgegriffen. Da Vertrauen als eine menschliche Überzeugung nicht objektiv durch Kennzahlen erfasst werden kann, greifen entsprechende Untersuchungen auf Befragungen unter Unternehmen zurück. Bönte (2008, S. 869) kann in seiner Untersuchung nachweisen, dass räumlich näher gelegenen Geschäftspartnern ein signifikant höheres Maß an Vertrauen entgegengebracht wird, als dies für räumlich entfernte Konkurrenten der Fall ist. Die zitierten Arbeiten subsumierten

---

[7]implizites, nicht kodifizierbares Wissen

die förderlichen Aspekte von geringer Distanz auf die Bildung von Vertrauen. Auch wenn die Möglichkeiten moderner Kommunikation eine leistungsfähige Diffusion von Wissen erlauben, gibt es Umstände, welche den persönlichen Austausch erfordern. So kommen Haas & Neumair (2008, S. 23) zu der Überzeugung, dass bei Transaktionen mit hohen Risiken solche Werte wie Erfahrung und Kreativität immer an Personen und Institutionen gebunden sind. In der Konsequenz erscheint es weiterhin sinnvoll, die räumliche Nähe als förderliche Komponente wirtschaftlicher Interaktionen zu betrachten.

2.4.3 Der jüngste Cluster-Effekt: Innovationen

Aufgrund ihres räumlich stark geballten Auftretens werden Innovationen sehr häufig im Kontext von Clustern analysiert. Innovationen werden sowohl positive Effekte auf den unternehmerischen Erfolg der involvierten Betriebe als auch auf die Konkurrenzfähigkeit der entsprechenden Region insgesamt zugesprochen (de Miguel Molina *et al.*, 2011). Die fortschreitende Globalisierung impliziert für Unternehmen neben steigendem Wettbewerbsdruck auch den Zwang zu kürzeren Innovationszyklen. Die komplexen Prozesse bei der Innovation erfordern Austausch und Rückkoppelung von Unternehmen mit ihrem betrieblichen Umfeld. In diesem Kontext hat die regionale Betrachtung jüngst eine deutliche Aufwertung erfahren (Kulke, 2010, S. 183ff.). Da Innovationen bei aktiver Netzwerkarbeit von Unternehmen als besonders wahrscheinlich gelten, und Kooperationen von Unternehmen durch räumliche Nähe begünstigt werden, sind entsprechende Zusammenhänge oftmals nachweisbar (Sternberg, 1998, S. 296).

Bei der Analyse von Innovationen werden ebenfalls häufig die beiden Agglomerationsvorteile (vgl. Abschnitt 2.3) zur Erklärung herangezogen. Doch abermals herrscht keine allzu große Einigkeit in Bezug auf die resultierenden Befunde. Es existieren sowohl Untersuchungen, welche die Bedeutung der branchenspezifischen Konzentrationen betonen, als auch solche, die in Urbanisationsvorteilen den entscheidenden Motor des Innovationsgeschehens erkennen.

Für Belgien zeigen Beule und Beveren, dass der Output an Produktinnovationen in Unternehmen sowohl durch Urbanisations- als auch Lokalisationsvorteile gefördert wird. Durch Trennung des Samples in eine Low- und High-Tech-Produktion wird deutlich, dass Unternehmen mit geringerer Technologieintensität in der Innovationsleistung eher von Lokalisationsvorteilen profitieren (Beule & Beveren, 2012).

Harrison *et al.* (1996, S. 251ff.) untersuchen die Absorption von Innovationen und damit die Frage, wie schnell sich neue Fertigungsverfahren und Technologien über verschiedene Unternehmen hinweg ausbreiten. Seine Kernfrage ist, welche Agglomerationsvorteile diese Absorption begünstigen. Lokalisationsvorteile leisten gemäß seinen Ergebnissen keinen Vorteil für die schnellere Aufnahme, im Gegensatz dazu sind Urbanisationsvorteile tatsächliche Akzeleratoren solcher Prozesse.

Reichart sieht hingegen die zentrale Determinante von Innovation in der Agglomeration selbst. Er stützt sich auf historische Ereignisse und argumentiert, dass wesentliche Neuerungen stets in den großen Verdichtungsräumen ihre Anfänge genommen hätten (Reichart, 1999, S. 146ff.).

Die besondere Herausforderung bei der Analyse von regionalen Innovationssystemen (RIS) liegt in den vielschichtigen institutionellen Voraussetzungen (Fritsch & Graf, 2011). Um diesem Umstand Rechnung zu tragen, sind entsprechende Forschungsarbeiten zu Innovationen meist methodisch anspruchsvoll konzipiert. Damit für die unbeobachtbare Heterogenität zwischen den Regionen kontrolliert werden kann, setzen groß angelegte Untersuchungen zu Innovationen auf Paneldaten. Zu den bedeutenderen Analysen mit mehreren betrachten Regionen zählt „The European Regional Innovation Survey" (ERIS), welche dreimal zwischen den Jahren 1995 und 1997 in elf europäischen Regionen mit insgesamt 8.600 Befragten durchgeführt wurde. ERIS untersucht die entscheidenden Determinanten für das Innovationspotential der betrachteten Regionen. Zu den zentralen Ergebnissen zählen nach Koschatzky & Sternberg (2000):

- Produktinnovationen treten in RIS, welche gleichzeitig große Agglomerationen sind, weitaus häufiger auf.

- Regionsgrenzen hemmen den Wissenstransfer praktisch nicht, während nationalstaatliche Grenzen kooperative Bemühungen oftmals außer Kraft setzen.

- Als Wissensquelle für Unternehmen des Verarbeitenden Gewerbes sind die Beziehungen zu Kunden, Zulieferern und Dienstleistern weitaus bedeutsamer als jene zu Hochschulen und Forschungseinrichtungen.

Der Datensatz des ERIS wurde aufgrund seiner Mächtigkeit in zahlreichen Studien verwendet. Sternberg & Arndt (2001, S. 379f.) beschränken sich in vielen ihrer aus dem ERIS gewonnenen Aussagen auf Deutschland. Aus ihrer Sicht ist eine Region mit ihren operationalisierten Eigenschaften, eine Art von Nährboden, auf welchem das kreative Potenzial der Unternehmen zur Entfaltung kommen kann. Die Ausgestaltung einer Region mit Einrichtungen könne aber nur unterstützend, niemals kausal für den Innovationserfolg eines Unternehmens verantwortlich sein. Ihre politische Handlungsempfehlung ist daher, staatliche Unterstützung den Unternehmen direkt und nicht den lediglich helfenden Einrichtungen zukommen zu lassen.

Neben der räumlichen Nähe zu Zulieferern richten einige Autoren auch den Blick auf die Distanzen zu den Absatzmärkten. Diese räumliche Nähe von Produzenten zu ihren Abnehmern schlägt sich ebenfalls in einem signifikant höheren Innovationsoutput nieder. Insbesondere in der Innovationsgeschwindigkeit seien suburbane Unternehmen deutlich benachteiligt (Bindroo *et al.*, 2012). Tallman und Phene hingegen zweifeln an der direkten Abhängigkeit von räumlicher Nähe und Innovationsoutput und verweisen auf die stärkere Bedeutung von institutionellen Rahmenbedingungen (Tallman & Phene, 2007, S. 257).

Diese Übersicht zu Innovationen rundet die Befunde zu Clustern um eine weitere Dimension ab, welche in den ursprünglichen Ausführungen noch eine geringe, dafür aber in den letzten Jahren umso stärkere Aufmerksamkeit erfahren hat. Analog zu den Spilllovern ist die empirische Messbarkeit jedoch nicht über alle Zweifel erhaben. Als grundlegende Triebkräfte der Innovation werden oftmals die zuvor benannten Vorteile der räumlichen Nähe angeführt. Da jedoch die räumliche Dichte alleine kaum ein Garant für lebendige Interaktionen ist, richten einige Autoren ein besonderes Augenmerk auf die Art und die Intensität von Kooperationen. Diese Forschungslinie ist sehr stark idiographisch geprägt und nutzt eher qualitative Forschungsmethoden. Zu den bekannteren Forschungsergebnissen dieses Ansatzes zählen beispielsweise die Indsutriedistrikte, welche als Konsequenz der räumlichen Nähe (Abschnitt 2.4.2) im nachfolgenden Abschnitt 2.4.1 thematisiert werden.

2.4.4 Kritik am Clusterkonzept

Neben den vielen positiven Befunden zur Clusterung existieren in der Literatur selbstverständlich auch kritische Beiträge. Martin und Sunley werfen beispielsweise einen sehr reservierten Blick auf das Clusterphänomen. Ihre Kritik widmet sich der Definition, der theoretischen Fundierung und den Erwartungen bezüglich des Mehrwertes gleichermaßen. Da der Clusterbegriff inhaltlich weit gefasst ist und auch Komponenten der sozialen Interaktion umfasst, bezweifeln Martin und Sunley, dass es überhaupt gelingen kann, das Konzept theoretisch einwandfrei darzustellen. In Bezug auf die politischen Empfehlungen folgern beide, die potentiellen Nachteile wie inflationäre Land- und Immobilienpreise, steigende Einkommensdisparitäten und technologischen „lock-in" nicht aus den Überlegungen auszuklammern. Sie warnen sogar eindringlich vor einseitigen Empfehlungen zu Clustern an die Politik (Martin & Sunley, 2003). Ihre Vorschläge zu weiteren Forschungsvorhaben beziehen sich auf die Methodik, eine gelungene Arbeit erfordert aus ihrer Sicht: „Associated data on the geographical distribution of individual businesses by size and sector are clearly essential" (Martin & Sunley, 2003, S. 20).

Regionale Cluster unterliegen einem Lebenszyklus, in welchem die Phasen des Aufschwungs und schließlich auch die Phasen des Niedergangs durchlaufen werden. Potter & Watts (2011) verweisen darauf, dass zahlreiche Untersuchungen zu Clustern zu Beginn des jeweiligen Lebenszyklus durchgeführt werden. In dieser Phase zeugen zahlreiche Indikatoren der Regionalentwicklung noch von positiven Entwicklungen. Im späteren Verlauf lassen sich veraltete Produkte und Technologien jedoch nur noch schwer absetzen und der einstige Vorteil der Spezialisierung verkehrt sich in das Gegenteil. Konkret zeigen sie dies am Beispiel der Industriedistrikte in Sheffield (England), welche im Jahr 1890 durch Marshall untersucht wurden. Den Zenit der Einwohnerzahl hatte Sheffield im Jahr 1961 erreicht (ca. 600.000). Im weiteren Verlauf bis zum Beginn des neuen Jahrtausends ist die Einwohnerzahl um rund 150.000 Personen gesunken (Potter & Watts, 2011, S. 446).

Zu analogen Schlüssen wie Martin & Sunley kommt auch Wrobel. Er verweist auf die zahlreichen methodischen Schwierigkeiten bei der Clusteridentifikation. Einerseits sei der Zugang zu entsprechenden Daten in der notwendigen regionalen Differenzierung nicht gewährleistet. Andererseits seien Forschungsgegenstände wie Vertrauen und die Genese von neuem Wissen nur sehr schwer zu operationalisieren. Als zentralen Kritikpunkt formuliert er, dass die praktische Umsetzung des Clusterkonzeptes die theoretische Fundierung mitunter zu übertreffen scheine (Wrobel, 2009, S. 99).

2.5 Diskussion und Schlussfolgerungen

Die Mechanismen und Hintergründe der räumlichen Konzentration von Unternehmen sind wahrscheinlich vielschichtiger, als es die derzeitigen Modelle annähern (Puga, 2010). Zu den heute gängigen Unterscheidungskriterien von Agglomerationsvorteilen gibt es eine Fülle von empirischen Befunden. Die Analyse von Moomaw ragt hervor, da seine Analyse sehr präzise einzelne Industriezweige benennt. Im Ergebnis scheint die Kurz- oder Langfristigkeit der hergestellten Produkte einen deutlichen Unterschied hervorzurufen: Investitionsgüterhersteller profitieren eher von branchengleicher Ballung, während Unternehmen, welche Produkte des kurzfristigen Bedarfes herstellen, ausschließlich von Urbanisationsvorteilen profitieren (Moomaw, 1988, S. 159ff.).

Tabelle 2.2: Lokalisations- und Urbanisationsvorteile
Quelle: Verändert übernommen nach Moomaw (1988, S. 159)

Vorteile	Profitierende Industriezweige
Lokalisationsvorteile (singulär)	Herstellung von Metallerzeugnissen, Gummiwaren, Papierherstellung, Glaswaren
Lokalisations- und Urbanisationsvorteile	Elektische Ausrüstungen
Urbanisationsvorteile (singulär)	Kleidung, Nahrungsmittel

Eine noch detailliertere Analyse (ähnlich zu NACE Zweistellern) für Japan hat Nakamura (1985) in die Diskussion eingebracht. Tendenziell spricht er Lokalisationsvorteilen die größere Bedeutung zu. Er bezweifelt explizit, dass Urbanisationsvorteile einen linearen Beitrag auf den Unternehmenserfolg haben können, da Agglomerationsnachteile (siehe Abschnitt 2.3.3) ab einer gewissen Stadtgröße immer stärker ins Gewicht fallen (Nakamura, 1985, S. 123).

Ähnlichen Fragestellungen nimmt sich eine große Zahl weiterer Autoren an. Da sich die untersuchten Branchen, der Untersuchungszeitraum und die verwendeten Daten unterscheiden, sind Vergleiche unter den Befunden nur eingeschränkt möglich. Eine sehr detaillierte Übersicht findet sich bei Melo et al., welche über 30 Arbeiten einer Metaanalyse unterziehen. In der großen Mehrzahl der Arbeiten werden positive Elastizitäten von wirtschaftlichem Output und räumlicher Dichte identifiziert. Dienstleister profitieren gemäß der Metaanalyse nahezu doppelt so stark von räumlicher Konzentration verglichen mit Unternehmen des Verarbeitenden Gewerbes (Melo et al., 2009, S. 333ff.).

Auch die Cluster sind in der wirtschaftswissenschaftlichen Analyse zu einem immer häufiger thematisierten und untersuchten Phänomen geworden. In den Jahren zwischen 1962 und 2007 kamen in relevanten Datenbanken[8] nicht weniger als 2.940 Artikel zum Thema Cluster zum Bestand bisheriger Forschungen hinzu (Cruz & Teixeira, 2010, S. 1265). Der Zugang zu Mikrodaten auf der Ebene von Unternehmen hat sich in der jüngsten Vergangenheit verbessert, daher können regionalökonomische Fragestellungen heute besser modelliert und bearbeitet werden als jemals zuvor (Stephan, 2011, S. 487).

Standortentscheidungen, welche räumlich zusammenfallen, rufen ganz grundsätzlich also zwei Phänomene hervor:

---

[8]Business Source Complete sowie EconLit (EBSCO)

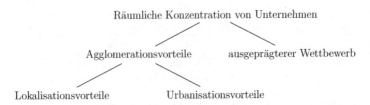

Letztlich besteht bis heute keine einheitliche Meinung darüber, ob nun eine spezialisierte oder aber diversifizierte Wirtschaftsstruktur als entscheidender Motor der Regionalentwicklung angesehen werden kann. Zunächst gibt es jene Autoren, welche ihre Ergebnisse nicht grundsätzlich einer Denkrichtung unterordnen können (Combes, 2000). Befürworter der einen oder anderen Richtung können ihre Argumentation auf empirische Befunde namhafter Autoren stützen. Für die Lokalisationsvorteile plädieren Henderson (2003) und auch Rosenthal & Strange (2003), während die Ergebnisse von Glaeser *et al.* (1992) und Farhauer & Kröll (2012) klar die Relevanz der Diversität betonen. Letztere nähern hierzu die Wirtschaftsstrukturen über komplexe Indizes an und kontrollieren für die regionalen Unterschiede durch die Verwendung von Paneldaten über einen Zeitraum von zehn Jahren. Im Ergebnis argumentieren sie, dass heterogene Unternehmensschwerpunkte die wirtschaftliche Leistung[9] der 118 kreisfreien Städte in Deutschland stärker positiv beeinflussen als spezialisierte Ausrichtungen.

Nun ist eine Entscheidung zu treffen, welche der beiden Agglomerationsvorteile in den Mittelpunkt der eigenen Analysen gerückt werden soll. Als Argument gegen die Urbanisationsvorteile lässt sich anführen: Der Prozess der Verstädterung schreitet global in unterschiedlichen Geschwindigkeiten aber ähnlichen Mustern voran. Die Wanderungsbewegungen der Menschen sind zu einem sehr hohen Prozentsatz auf die Städte gerichtet (Fujita & Thisse, 2013, S. 6ff.). Folgert man nun, dass sich Unternehmen dort ansiedeln, wo sie viele qualifizierte Mitarbeiter vorfinden, und diese Ballung zahlreicher Arbeitgeber die Städte für den weiteren Zuzug attraktiv macht, ergibt sich ein sich selbst verstärkender Prozess. Urbanisationsvorteile entstehen so als externer Effekt praktisch von selbst, ohne dass Städte in nennenswertem Umfang auf diese Diversität steuernd einwirken könnten. In dieser Eigenschaft sind sie den bereits bekannten first nature Vorteilen ähnlich, welche ebenfalls kaum politisch zu beeinflussen sind.

Schließlich vernachlässigen Urbanisationsvorteile die Raumkategorie des ländlichen Raums vollständig. In den meisten Staaten der Erde verfügt die Mehrzahl der Flächen aber über lediglich geringe Verdichtungsansätze. Die Strategie dieser schwach konzentrierten Raum-

---

[9]u.a. operationalisiert als Wachstumsrate der Bruttowertschöpfung je Arbeitsstunde

kategorien muss letztlich die Spezialisierung sein. Der Vorteil der Lokalisationsvorteile ist, dass sie durch gezielte Ansiedlungen politisch forciert werden können. Gemäß dieser Logik sagen jüngst auch Autoren wie Glaeser (1998, S. 157) eben nicht mehr den Global Cities, sondern vielmehr den kleineren und spezialisierten Städten, gute Perspektiven für die Zukunft vorher.

Die eigene Wahl fällt somit auf die Lokalisationsvorteile. Diese sind gemäß ihrer Ausprägungen zunächst nicht auf spezielle Wirtschaftszweige eingeschränkt. Ihre Wirksamkeit soll überprüft werden, indem aber gleichzeitig für die Urbanisationsvorteile kontrolliert wird. Ebenso wird der Empfehlung von Rosenthal & Strange (2003, S. 388) gefolgt: „...future studies of agglomeration economies should be sensitive both to industrial organization and especially to the micro geography of agglomeration".

Die große Mehrzahl bisheriger Arbeiten identifiziert positive Clustereffekte, kritische Beiträge gibt es nur in deutlich geringerer Anzahl. Ob Forschungsaktivitäten zu Clustern mehrheitlich in positiven Resultaten münden, oder ob die kritischen Beiträge weitaus seltener ihren Weg in die einschlägigen Journale finden, bleibt unklar. Fest steht jedenfalls, dass ein deutlicher Überhang an jenen Arbeiten besteht, welche untersuchten Merkmalen (Patenten, Existenzgründungen u.v.a.) dann bessere Entwicklungen attestieren, falls die wirtschaftlichen Strukturen im Untersuchungsgebiet räumlich besonderes konzentriert und auch spezialisiert sind. Dass es insgesamt begründet erscheint, räumliche Konzentration für Unternehmen als überwiegend vorteilhaft zu bewerten, speist sich aus mehreren Erkenntnissen. Exemplarisch lassen sich hierfür die folgenden Gedanken und Ergebnisse anführen:

- Die über 100 Jahre alten Beobachtungen von Marshall, welche durch namhafte Autoren bis heute gewürdigt werden. Empirische Untersuchungen wie bei Henderson (2003) zeigen, dass sich die vermuteten Zusammenhänge tatsächlich nachweisen lassen.

- Die neuen Ansätze der NEG (Krugman, 1998; Combes et al., 2008). Sie zeigen, dass die Standortentscheidungen von Unternehmen und Konsumenten im finalen Zustand räumlich konzentriert ausfallen, insbesondere wenn die Handelskosten hoch sind (Farhauer & Kröll, 2013, S. 221).

- Die jüngeren Erkenntnisse, dass die neoklassischen Annahmen zu langfristigen Ausgleichstendenzen der räumlichen Verteilungen als eher realitätsfern eingeschätzt werden müssen (Fingleton, 2004, S. 398).

- Nicht alle Teilgebiete eines Raumes kommen für alle Wirtschaftszweige in gleichem

Umfang in Frage. Konzentration entsteht in geringem Umfang per Gesetzt, denn die im Raumordnungsgesetz festgeschriebenen Bestimmungen führen beispielsweise eine räumliche Konzentration von Lärm und Partikeln emittierenden Industriezweigen herbei. Deren Fertigungsprozesse sind nur dort zulässig, wo die kommunalen Bebauungspläne dies ausdrücklich vorsehen.

- Ganz augenscheinlich zeigen erstens die nachfolgenden Kartogramme (vgl. Abbildung 4.9), und zweitens die verzerrungsfrei berechneten Konzentrationsmaße in Kapitel 4.4 eine deutliche Tendenz der räumlichen Ballung von effizient wirtschaftenden[10] Unternehmen.

Weitere empirische Forschungen zu Clustern sind sinnvoll, denn auch für die nahe Zukunft ist anzunehmen, dass die Tendenz zur räumlichen Ballung wirtschaftlicher Aktivitäten anhalten wird. Die regionalpolitische Relevanz ist also ungebrochen. Die Anwendung methodischer Verbesserungen (vorgeschlagen in Kapitel 4) soll zudem neue Einsichten zu externen Skalenerträgen ermöglichen, insbesondere welche Wirtschaftszweige in Abhängigkeit ihrer räumlichen Lage hiervon stark profitieren und welche nicht.

---

[10]Siehe Abschnitt 5.2 für die angewandte Definition.

3 Verwendete Daten und Tools

Die Ausrichtung der vorliegenden Arbeit ist stark empirisch, daher gibt dieses Kapitel zu einem frühen Zeitpunkt einen Überblick über die verwendeten Daten. Es wird gezeigt, wie die Untersuchungsräume abgegrenzt sind, auf welche Weise die Auswahl der Wirtschaftszweige vollzogen wird und welche Aggregate daraus gebildet werden. Ferner wird erläutert, welche Daten eine möglichst exakte Raummodellierung gewährleisten.

3.1 Der thematische Fokus: Hochleistungswerkstoffe

In globalem Maßstab ereignen sich derzeit mehrere Prozesse, welche eine steigende Nachfrage nach Rohstoffen aller Art begünstigen. Bislang gering entwickelte Volkswirtschaften industrialisieren sich, der dortige Lebensstandard steigt und das Wachstum der Bevölkerung schreitet weiter voran (Haas & Schlesinger, 2007, S. 125). Die Erzeugung konventioneller Rohstoffe erfordert meist den Abbau von Bodenschätzen, was in den Gebieten der Gewinnung mit tiefgreifenden ökologische Folgen einhergeht. Denn Senkungen der Erdoberfläche, hydrologische Verschiebungen und nicht zuletzt zahlreiche Emissionen sind die Folgen dieses Abbaus (Haas & Schlesinger, 2007, S. 119ff.).

In hochentwickelten Volkswirtschaften besteht die technologische Herausforderung hingegen darin, bei dem Antrieb von Maschinen und Anlagen sowie Fahr- und Flugzeugen den Verbrauch an Treibstoffen so gering als möglich zu halten. Materialien mit hohem spezifischen Gewicht müssen hierzu durch Leichtere ersetzt werden. Als Alternative zu den bislang breit eingesetzten Materialien wie Stahl oder Aluminium bieten sich carbonfaserverstärkte Kunststoffe (CFK) an. Deren herausragende Eigenschaft ist ihr geringes Gewicht.

Werkstücke aus CFK sind etwa 80% leichter als Stahl und 50% leichter als Aluminium bei einer gleichzeitig doppelt so großen Belastbarkeit. Dies bewirkt eine enorme Treibstoffersparnis in der Bewegung von CFK-Bauteilen in der Luft- und Raumfahrt und dem Straßenverkehr (Jäger & Hauke, 2010, S. 4). CFK-Werkstoffe reagieren ferner nur gering auf Änderungen der Temperatur, sie verfügen über ein gutes Dämpfungsverhalten und sind biokompatibel (Jäger & Hauke, 2010, S. 44). Das Spektrum von potenziellen Einsatzmöglichkeiten von carbonfaserverstärkten Kunststoffen ist sehr breit gefächert. Die folgenden Anwendungsgebiete zählen nach Jäger & Hauke (2010, S. 50) zu den derzeit wichtigsten Einsatzmöglichkeiten:

- Automobilbau

- Luft- und Raumfahrt

- Rotorteile von Windkraftanlagen

- Sportgeräte

Im Automobilbau vollzog sich im Jahr 2013 eine große technische Neuerung. Als erster deutscher Hersteller begann die Bayerische Motoren Werke (BMW AG) mit der Serienfertigung von PKW-Teilen aus CFK. Die Karosserie des Modells i3 mit Elektroantrieb besteht als erstes Fahrzeug dieses Unternehmens zu großen Teilen aus CFK (Röth *et al.*, 2013, S. 245). Doch derzeit verursacht jedes Kilogramm, welches an Gewicht durch CFK-Einsatz in der Serienfertigung eingespart werden soll, noch zusätzliche Materialkosten in Höhe von etwa 60 Euro (Röth *et al.*, 2013, S. 54). Um effizient elektrisch betrieben werden zu können, müssen Automobile in ihrem Gesamtgewicht deutlich reduziert werden. CFK eröffnen zwar diese Möglichkeit, doch müssen diese durch weitere Innovationen bezüglich ihrer Herstellung preislich konkurrenzfähig werden.

Bereits heute leisten konventionell betriebene Automobile einen großen Anteil zur Deckung der Nachfrage nach individueller Mobilität. Elektrisch betriebene Automobile würden zusätzlich über das Potenzial verfügen, zwei klimapolitische Ziele gleichzeitig zu unterstützen: Erstens den Verbrauch an Ressourcen wie Erdöl zu verringern und zweitens die schädlichen Emissionen von CO_2 an die Umwelt zu senken (Lyon *et al.*, 2012, S. 259).

3.2 Abgrenzung der Untersuchungsgebiete

In Deutschland gibt es zwei Regionen, welche sich in der Öffentlichkeit als Cluster für moderne Werkstoffe präsentieren. Namentlich sind dies das CFK-Valley Stade[1] in Niedersachsen, als auch das in Bayern gelegene Städtedreieck zwischen München[M], Augsburg[A] und Ingolstadt[I]. Deren Cluster-Initiative firmiert unter dem Namen MAI Carbon. Die Mitglieder von MAI Carbon gehen großteils aus der stärker besetzten Cluster-Initiative des Carbon Composite e.V. (CCev) hervor. Während im CCeV Unternehmen aus dem gesamten Bundesgebiet organisiert sind, ist der räumliche Schwerpunkt von MAI Carbon wesentlich enger gefasst. Die Mitglieder von MAI Carbon sind ferner jene, welche die Bewerbung im Rahmen des bundesweiten Spitzencluster-Wettbewerbes aktiv unterstützen. Im Januar 2012 wurde MAI Carbon seitens des Bundesministeriums für Bildung und Forschung [BMBF] zu einem der lediglich 15 Spitzencluster in Deutschland ernannt. Hierfür erhält die Initiative zur Realisierung ihrer Ziele bis 2017 eine finanzielle Förderung von insgesamt 40 Millionen Euro.[2] Die Tatsache, dass sich die Initiative MAI Carbon in dem Wettbewerb eines Bundesministeriums durchsetzen konnte, ist das zen-

---

[1]http://www.cfk-valley.com/nc/news.html [letzter Aufruf: 03.12.2013]
[2]http://www.bmbf.de/de/20752.php [letzter Aufruf: 03.12.2013]

trale Argument für die Präferenz dieses Untersuchungsgebietes gegenüber Stade in der weiteren Bearbeitung. Die Hauptstadt München[M], sowie Augsburg[A] und Ingolstadt[I] zählen zu den größten Städten in Bayern, daher ist das gesamte Bundesland, welches dieses Dreiecks einschließt, das innere Untersuchungsgebiet.

Die methodische Ausrichtung der Arbeit erfordert aber auch ein weiter gefasstes, äußeres Untersuchungsgebiet. Die Notwendigkeit kann durch ein Beispiel erläutert werden: Die Grundlage der durchgeführten Schätzungen[3] ist die Erfassung von anderen Unternehmen und Einrichtungen in kreisrunden Figuren. Für alle grenznahen bayerischen Unternehmen würde es in den Randbereichen zu einer starken Untererfassung kommen, falls Bayern auch der einzige Untersuchungsraum ist. Denn alle Unternehmen in Randlagen haben auch benachbarte Unternehmen direkt hinter der bayerischen Landesgrenze. Daher bilden alle Bundesländer Deutschlands, welche über eine gemeinsame Grenze mit Bayern verfügen, das äußere Untersuchungsgebiet (siehe Abbildung 3.1). Für diese Bundesländer erfolgt in den Modellen zwar auch die Erfassung, jedoch bleibt die ökonometrische Berechnung auf das innere Gebiet beschränkt. Insgesamt grenzen vier äußere Bundesländer an Bayern, dies sind Baden-Württemberg, Hessen, Thüringen sowie Sachsen. Konkret werden für Städte wie Neu-Ulm in Bayern auch die benachbarten Unternehmen in Ulm (wenige Kilometer entfernt) mit erfasst, die Regressionen werden über ausschließende Befehle in Stata hingegen nur für Bayern durchgeführt. In den vorausgehenden Berechnungen zur räumlichen Konzentration von Unternehmen (siehe Abschnitt 4.4) wird die Analyse für das innere und äußere Untersuchungsgebiet ausgeführt, da eine größere Grundfläche die Genauigkeit der erzielten Ergebnisse stark erhöht.

---

[3]vgl. Abschnitt 4.7 sowie 5.2.4

Abbildung 3.1: Inneres Untersuchungsgebiet (Bayern) und äußeres Untersuchungsgebiet (Baden-
         Württemberg, Hessen, Thüringen, Sachsen)
         Quelle: Eigene Darstellung

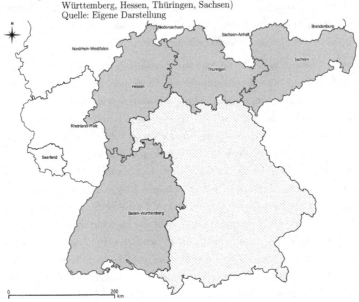

Andere Nationalstaaten sind hingegen nicht Teil des äußeren Untersuchungsgebietes. McCallum (1995, S. 622) weist nach, dass die Grenzen zu anderen Staaten bis heute eine starke Barriere für Handelsströme darstellen.

3.3 Auswahl der Wirtschaftszweige und weitergehende Klassifikation

Quantitative Analysen erfordern oftmals eine Reduktion von Komplexität. Im Falle der vorliegenden Arbeit bedeutet dies, dass einzelne Unternehmen zu Branchen zusammengefasst werden. Dieses Aggregieren von Unternehmen anhand von Wirtschaftszweigen ist bis heute die gängige Praxis, wie beipielsweise in Graham & Kim (2008, S. 288). Die Auswahl relevanter Unternehmen für die Herstellung von modernen Werkstoffen erfolgt für diese Arbeit über die Clusterinitiative des CCeV. Etwa die Hälfte der CCeV-Mitglieder sind Unternehmen (siehe Tabelle 3.1), ferner sind Forschungsinstitute und Gebietskörperschaften engagiert.

Die Daten zu den betrachteten Unternehmen für moderne Werkstoffe entstammen der Creditreform-Datenbank von Bureau van Dijk (DAFNE). In verschiedenen zeitlichen und

Tabelle 3.1: Mitglieder des CCeV nach Kategorie im Jahr 2013
Quelle: Eigene Klassifikation

Kategorie	Anzahl
Unternehmen	121
Forschungseinrichtungen	52
Bildungseinrichtungen	39
Gebietskörperschaften, Kammern	36
Gesamt	248

räumlichen Zuschnitten ist es möglich, die in Geschäftsberichten aggregierten Daten von Unternehmen zu exportieren.

Zu jedem der insgesamt 121 Unternehmen des CCeV wird in DAFNE der entsprechende Primärcode nach der NACE-Systematik ermittelt. Diese geben Auskunft über die wirtschaftlichen Schwerpunkte von Unternehmen. Die 121 Unternehmen verteilen sich auf 21 NACE-Codes auf Ebene der Zweisteller (vgl. Tabelle 3.2).

Es wird deutlich, dass einige Wirtschaftszweige stark gehäuft in dieser Clusterinitiative in Erscheinung treten. Beispielsweise entstammen ganze zehn Prozent dem NACE-Code 20, welcher die Unternehmen der Herstellung von chemischen Erzeugnissen subsumiert. Für die weitere Analyse wurden insbesondere jene Wirtschaftszweige ausgewählt, welche in einer solchen Häufung im CCeV organisiert sind. Einzelgespräche mit Verantwortlichen aus Unternehmen und Instituten haben dazu beigetragen, diese Branchenauswahl zu verifizieren.[4]

---

[4]Die Mitglieder des Innovationsbeirates der IHK Schwaben haben hierfür in mehreren Sitzungen ihre fachliche Einschätzung beigetragen.

Tabelle 3.2: Unternehmen des CCeV nach NACE-Code
           Quelle: Eigene Klassifikation

NACE	Bezeichnung	Anteil
13	Herstellung von Textilien	2%
17	Herstellung von Papier, Pappe und Waren daraus	1%
20	Herstellung von chemischen Erzeugnissen	10%
21	Herstellung von pharmazeutischen Erzeugnissen	1%
22	Herstellung von Gummi- und Kunststoffwaren	9%
23	Herstellung von Glas und Glaswaren, Keramik, Verarbeitung von Steinen und Erden	6%
25	Herstellung von Metallerzeugnissen	9%
26	Herstellung von Datenverarbeitungsgeräten, elektronischen und optischen Erzeugnissen	4%
27	Herstellung von elektrischen Ausrüstungen	2%
28	Maschinenbau	9%
29	Herstellung von Kraftwagen und Kraftwagenteilen	4%
30	Sonstiger Fahrzeugbau	2%
33	Reparatur und Installation von Maschinen und Ausrüstungen	1%
46	Großhandel (ohne Handel mit Kraftfahrzeugen)	6%
62	Erbringung von Dienstleistungen der Informationstechnologie	4%
70	Verwaltung und Führung von Unternehmen und Betrieben; Unternehmensberatung	8%
71	Architektur- und Ingenieurbüros	10%
72	Forschung und Entwicklung	5%
74	Sonstige freiberufliche, wissenschaftliche und technische Tätigkeiten	1%
82	Erbringung von wirtschaftlichen Dienstleistungen für Unternehmen und Privatpersonen a. n. g.	2%
96	Erbringung von sonstigen überwiegend persönlichen Dienstleistungen	4%

Die auf diese Weise getroffene Auswahl wurde zu thematisch verwandten Gruppen aggregiert. Schließlich werden somit vier Branchenaggregate gebildet, welche im weiteren Fortgang dieser Arbeit unterschieden werden. Sie bestehen aus:

- Der chemischen Grundstufe: Diese Unternehmen produzieren die Ausgangsprodukte moderner Werkstoffe wie Fasern und Harze. Der Kurzname dieses Branchenaggregates ist fortan: Chemie.

- Die industrielle Verarbeitung von modernen Werkstoffen leisten die Unternehmen des Metall- und Maschinenbaus, ebenso wie jene der PKW- und Luft- und Raumfahrtindustrie (Metall).

- Die Ergänzung um elektronische Komponenten hin zu mechatronischen Systemen leisten die Betriebe der Gruppe EDV/Optik & Software (EDV).

- Forschungs- und Entwicklungsarbeit sowie spezialisierte Services bieten die unternehmensnahen Dienstleister (UD) den Industrieunternehmen.

Tabelle 3.3 zeigt eine schematische Übersicht der gebildeten Aggregate und welche NACE-Codes darunter subsumiert sind.

Tabelle 3.3: Brachenaggregate für moderne Werkstoffe
Quelle: Eigene Klassifikation

Aggregat	NACE	Name
Chemie	20	Herstellung von chemischen Erzeugnissen
	22	Herstellung von Gummi- und Kunststoffwaren
	23	Herstellung von Glas und Glaswaren, Keramik, Verarbeitung von Steinen und Erden
Metall	25	Herstellung von Metallerzeugnissen
	28	Maschinenbau
	29	Herstellung von Kraftwagen und Kraftwagenteilen
	30	Sonstiger Fahrzeugbau
EDV	26	Herstellung von Datenverarbeitungsgeräten, elektronischen und optischen Erzeugnissen
	27	Herstellung von elektrischen Ausrüstungen
UD	62	Erbringung von Dienstleistungen der Informationstechnologie
	7112	Ingenieurbüros
	721	Forschung und Entwicklung im Bereich Natur-, Ingenieur-, Agrarwissenschaften und Medizin

Um eine didaktisch wertvollere Einsicht erlangen zu können, werden in der nachfolgenden Tabelle 3.4 zu den festgelegten Aggregaten beschäftigungsintensive Unternehmen genannt, welchen innerhalb des inneren Untersuchungsgebietes (Bayern) eine hohen Bekanntheit in der öffentlichen Wahrnehmung zuteil wird.

Tabelle 3.4: Beispiele der Zuordnung zu Aggregaten

Aggregat	Unternehmensbeispiele
Chemie	Wacker Chemie, Metzeler Automotive Profile Systems, Rose Plastic
Metall	BMW, Premium Aerotec, SKF, Renk
EDV	Infineon, Rohde & Schwarz, Kathrein
UD	Cancom, Hemmersbach, Berner & Mattner

Der nachfolgende Abschnitt wird die in DAFNE gelisteten Unternehmen mit einer weiteren Datenbank abgleichen, um sicherzustellen, dass die herangezogenen Daten ein hinreichend gutes Abbild der Grundgesamtheit darstellen.

3.4 Stichprobenüberprüfung

Um eventuelle Verzerrungen durch die Datenbank DAFNE zu erkennen, wurde die DAFNE-Selektion mit einer von den bayerischen Industrie- und Handelskammern verwalteten Datenbank[5] abgeglichen. Diese listet nach Landkreisen die im Handelsregister eingetragenen Unternehmen mit den zugehörigen NACE-Codes. DAFNE unterschreitet in jedem NACE-Code die Zahl der kammerzugehörigen Unternehmen und erzielt somit keine vollständige Abdeckung. Jedoch sind die strukturellen Unterschiede der beiden Selektionen gering ausgeprägt. Die fünf meistbesetzten Branchen (grau hinterlegt) entfallen in beiden Datenbaken auf dieselben NACE-Codes (vgl. Tabelle 3.5). Daher kann von einer hinreichend guten Annäherung der Grundgesamtheit durch die verwendeten Daten ausgegangen werden.

---

[5]http://www.firmen-in-bayern.de/sites/fitby/welcome.aspx (letzter Aufruf: 29.11.2013)

Tabelle 3.5: Stichprobenvergleich von Selektionen: IHK und DAFNE;
Unternehmen in Bayern nach NACE
Quelle: Eigene Berechnung

NACE	Anzahl IHK	(in %)	Anzahl DAFNE	(in %)
20	602	3%	212	3%
22	973	4%	372	4%
23	805	3%	398	5%
25	1.792	8%	1.349	16%
26	1.524	7%	659	8%
27	623	3%	370	4%
28	1.741	8%	955	11%
29	285	1%	147	2%
30	152	1%	77	1%
62	7.153	31%	2.178	26%
7112	6.873	30%	1.503	18%
721	555	2%	197	2%
Gesamt	23.078	100%	8.417	100%

Die nachfolgenden Tabellen 3.6 und 3.7 zeigen zunächst die Verteilung der selektierten Unternehmen und deren Beschäftigten auf die einzelnen Regierungsbezirke Bayerns. Im größten Regierungsbezirk Oberbayern sind etwa die Hälfte aller untersuchten Unternehmen dieser Branchen konzentriert. Auch in Bezug auf die Anzahl der Beschäftigten wird die dominierende Position des Regierungsbezirkes Oberbayern deutlich, denn etwa 60% aller Beschäftigten in den betrachteten Unternehmen sind hier tätig.

Tabelle 3.6: Verteilung der Unternehmen für moderne Werkstoffe in Bayern nach Regierungsbezirken
und Branchenaggregaten
Quelle: Eigene Berechnung

	Chemie	Metall	EDV	UD	Gesamt
Oberbayern	323	911	546	2.418	4.198
(in %)	8%	22%	13%	58%	100%
Niederbayern	79	232	65	183	559
(in %)	14%	42%	12%	33%	100%
Oberpfalz	65	150	32	95	342
(in %)	19%	44%	9%	28%	100%
Oberfranken	123	209	78	223	633
(in %)	19%	33%	12%	35%	100%
Mittelfranken	107	269	99	305	780
(in %)	14%	34%	13%	39%	100%
Unterfranken	82	247	61	164	554
(in %)	15%	45%	11%	30%	100%
Schwaben	203	510	148	490	1.351
(in %)	15%	38%	11%	36%	100%
Bayern	982	2.528	1.029	3.878	8.417
(in %)	12%	30%	12%	46%	100%

Die vorliegenden Größen und Anteilswerte sind unter den einzelnen Regierungsbezirken nur eingeschränkt vergleichbar. Oberbayern ist beispielsweise mit deutlichem Abstand der größte Regierungsbezirk, er nimmt alleine rund ein Viertel des inneren Untersuchungsgebietes ein. Werden Konzentrationsmaße gebildet (vgl. Abschnitt 4.2), kann
durch Verhältnisrechnungen für derartige Größenunterschiede kontrolliert werden.

Tabelle 3.7: Verteilung der Mitarbeiter für moderne Werkstoffe in Bayern nach Regierungsbezirken und Branchenaggregaten
Quelle: Eigene Berechnung

	Chemie	Metall	EDV	UD	Gesamt
Oberbayern	31.160	219.420	154.520	65.608	470.708
(in %)	7%	47%	33%	14%	100%
Niederbayern	7.167	15.274	42.426	5.543	70.410
(in %)	10%	22%	60%	8%	100%
Oberpfalz	5.416	19.004	9.201	2.614	36.235
(in %)	15%	52%	25%	7%	100%
Oberfranken	19.119	13.959	5.575	3.467	42.120
(in %)	45%	33%	13%	8%	100%
Mittelfranken	10.949	16.699	6.722	18.251	52.621
(in %)	21%	32%	13%	35%	100%
Unterfranken	5.243	45.570	9.588	3.694	64.095
(in %)	8%	71%	15%	6%	100%
Schwaben	11.969	42.050	7.922	6.611	68.552
(in %)	17%	61%	12%	10%	100%
Bayern	91.023	371.976	235.954	105.788	804.741
(in %)	11%	46%	29%	13%	100%

3.5 Raummodellierung

3.5.1 Unternehmensdaten

Für die Bildung der Konzentrationsmaße und die nachfolgende ökonometrische Berechnung sind insbesondere folgende Ausprägungen für einzelne Unternehmen entscheidend:

- der Umsatz im Jahr 2011

- die Anzahl der Mitarbeiter im Jahr 2011

- Der primäre NACE-Code des Unternehmens, identisch mit der deutschen Klassifikation der Wirtschaftszweige[6].

Für das Jahr 2011 kann auf insgesamt 8.417 Datensätze der selektierten NACE-Codes in Bayern zurückgegriffen werden. Für das Jahr 2012 wären lediglich 1.002 Datensätze bei ansonsten gleichen Selektionskriterien hinterlegt gewesen. In der Abwägung wurde der höheren Fallzahl der Vorrang gegenüber der Aktualität eingeräumt. Der Stand der letzten Aktualisierung der selektierten Daten aus DAFNE war der 16. August 2013. Die Ausgabe eines balancierten Panels aus Daten von DAFNE reduziert die Fallzahlen erheblich, da die notwendigen Berichte nicht für jedes Jahr lückenlos vorliegen. Siehe auch Graham (2009,

---

[6]Weiterentwicklung aus dem Jahr 2008

S. 70) für eine Beschreibung entsprechender Unvollständigkeiten in DAFNE.

3.5.2 Verkehrsinfrastruktur

Als Layerdaten für die Verkehrsinfrastruktur finden Shapefiles des OpenStreetMap-Projektes (OSM) eine Verwendung. Diese können kostenfrei genutzt werden. Der Download erfolgte über die Webste der Geofabrik[7]. Dabei kamen die Autobahnen (grau) und die Bahnlinien (schwarz) zur Anwendung. Beide sind in Abbildung 3.2 dargestellt, zusätzlich sind die aus Abbildung 1.1 bekannten Unternehmen bei 70%-iger Transparenz wiedergegeben.

Abbildung 3.2: Verkehrsinfrastruktur
        Quelle: Eigene Koordinatentransformation und Darstellung

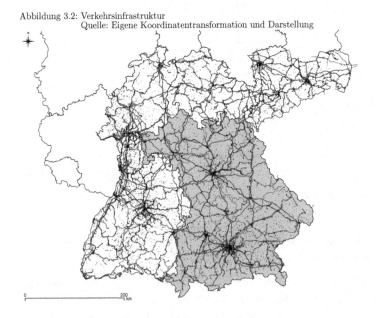

---

[7]http://download.geofabrik.de/ (letzter Aufruf: 01.10.2013)

Die Shapefiles für das Autobahnnetz können in die eigentliche Streckenführung (Linien) und die Auffahrten getrennt werden. Für die ökonometrische Berechnung (vgl. Abschnitt 5.2.4) wird die Distanz jedes Unternehmens zu der nächstgelegenen Auffahrt berechnet. In der nachfolgenden Abbildung ist das Autobahnnetz um die Landeshauptstadt München dargestellt. Beispielhaft sind die Unternehmen des Branchenaggregates Chemie ausgewählt und in den gestrichelten Linien die durch das GIS berechnete Distanz jedes Unternehmens zu seiner nächstgelegenen Auffahrt. Die Spannweite der Ergebnisse ist beachtlich, sie ist innerhalb Bayerns für das Aggregat Chemie durch das Minimum von 92 Metern (Markt Thierstein, Landkreis Wunsiedel im Fichtelgebirge) und ein Maximum von 43,7 km (Stadt Furth im Wald, Landkreis Cham) gegeben.

Abbildung 3.3: Distanzberechnungen für die Infrastruktur
Quelle: Eigene Berechnung und Darstellung

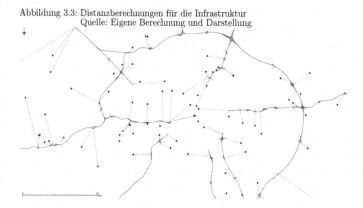

Die Berechnungen der Entfernungen zu den nächstgelegenen Bahnlinien erfolgt nach dem selben Algorithmus.

3.5.3 Administrative Einheiten

Die Hintergrundkarten zahlreicher Kartogramme dieser Arbeit zeigen administrative Einheiten. Diese Layer erleichtern erstens die Orientierung und zweitens werden hierdurch in einem GIS die Koordinatenbezugssysteme mit den gewünschten Eigenschaften definiert. Die im Rahmen dieser Arbeit verwendeten Kartengrundlagen entstammen aus den entgeltfreien Open-Data Ressourcen des Bundesamtes für Kartographie und Geodäsie[8] in Leipzig.

---

[8]http://www.geodatenzentrum.de/geodaten/ (letzter Aufruf: 22.10.2013)

3.5.4 Geoinformationssystem und Plugins

Als GIS wird das Open-Source Geoinformationssystem Quantum GIS[9] (QGIS) in der
Version 1.8.0 verwendet. Die notwendigen Plugins der Analyse von Vektodaten sind
fTools[10] sowie mmqgis[11].

3.5.5 Verwendete Koordinatensysteme

Die Ausgabe der Distanzen zwischen den betrachteten Elementen verlangt notwendigerweise ein projiziertes Koordinatenbezugssystem. Ortsangaben und Distanzen werden bei
der Verwendung von geographischen Koordinaten in Grad, Minuten und Sekunden ausgewiesen, was die Interpretation der Ergebnisse deutlich erschwert. Daher ist die Transformation der Ortsangaben aus dem geographischen Koordinatensystem (zunächst WGS84),
nach Gauß-Krüger erforderlich. Die höchste Genauigkeit für Analysen in Bayern ist dann
gegeben, wenn der Meridianstreifen 4 verwendet wird. Ein großer Vorteil der Georeferen-
zierung ist die Exaktheit, denn nach Longley *et al.* (2005, S. 125) erlauben bereits vier
Nachkommastellen (Bsp: 49,8825 N – 11,2222 O) eine Positionsbestimmung auf der Erde,
welche auf rund zehn Meter genau ist.

3.5.6 Hochschulen und Forschungseinrichtungen

In der regionalökonomischen Analyse der letzten Jahre sind Hochschulen und Einrichtungen der Forschung- und Entwicklung als Quelle von Spillover-Effekten verstärkt in
den Mittelpunkt des Interesses gerückt. Sie unterstützen bei gegebener räumlicher Nähe
die Forschungsaktivitäten von privaten Unternehmen und gelten als Quellpunkte eines
technologieintensiven Gründungsgeschehens (Algieri *et al.*, 2013, S. 384). Nennenswert
sind an dieser Stelle die Beobachtung von Adams (2002, S. 274). Seinen Erkenntnissen
zufolge haben auch akademische Spillover hin zu Unternehmen eine eindeutig begrenzte
räumliche Reichweite. Diese sei deutlich geringer als jene der intraindustriellen Spillover.

Auch für die Fragestellung dieser Arbeit ist eine Modellierung dieser Einrichtungen notwendig. Die Adressdaten der gewünschten Einrichtungen wurden dem Autor auf Anfrage
durch das Bundesministerium für Bildung und Forschung in Berlin zur Verfügung gestellt.

Innerhalb des inneren und äußeren Untersuchungsgebietes werden folgende Einrichtungen erfasst:

- Universitäten und Hochschulen

---

[9]http://www.qgis.org/de/site/ (letzter Aufruf: 28.10.2013)
[10]http://www.qgis.org/de/docs/user_manual/plugins/plugins_ftools.html (letzter Aufruf: 28.10.2013)
[11]http://plugins.qgis.org/plugins/mmqgis/ (letzter Aufruf: 28.10.2013)

- Einrichtungen der Fraunhofer-Gesellschaft

- Max-Planck-Institute

- Standorte der Helmholtz-Gemeinschaft

- und jene der Leibniz-Gemeinschaft

Die nachfolgende Übersicht zeigt die Verteilung der so aufgenommenen Hochschulen und Forschungseinrichtungen nach Bundesländern, grau hervorgehoben sind in Tabelle 3.8 jene Teilräume des inneren und äußeren Untersuchungsgebietes.

Tabelle 3.8: Hochschulen und Forschungseinrichtungen nach Bundesländern

Bundesland	Anzahl	(in %)
Nordrhein-Westfalen	118	16%
Baden-Württemberg	115	15%
Bayern	84	11%
Berlin	75	10%
Sachsen	62	8%
Niedersachsen	57	8%
Hessen	46	6%
Brandenburg	30	4%
Hamburg	29	4%
Rheinland-Pfalz	29	4%
Sachsen-Anhalt	23	3%
Schleswig-Holstein	20	3%
Thüringen	20	3%
Bremen	15	2%
Saarland	15	2%
Mecklenburg-Vorpommern	15	2%

4 Räumliche Konzentration

Um die wirtschaftliche Spezialisierung einer Region zu beurteilen, ist die Berechnung von Konzentrationsmaßen ein erster Schritt der Annäherung. Einen guten Überblick zur Methodik der einzelnen Verfahren leistet Schätzl (2000). Für Europa und seine Teilräume kann zu solchen Berechnungen von einer ausreichend guten Datenverfügbarkeit durch die Statistischen Ämter ausgegangen werden.

Die Konzentrationsmaße der wirtschaftlichen Spezialisierung lassen sich nach Farhauer & Kröll (2013, S. 299ff.) zunächst zwei Hauptgruppen zuordnen. Dabei ist zwischen relativen und absoluten Konzentrationsmaßen zu unterscheiden:

- Die relativen Konzentrationsmaße errechnen sich aus aggregierten Zahlen des Arbeitsmarktes. Hierbei wird beispielsweise ermittelt, dass in einem untersuchten Landkreis 5.000 Beschäftigte in der Herstellung von Druckmaschinen tätig sind. Ob dies nun letztlich viel oder wenig ist, eruieren relative Konzentrationsmaße durch Verhältnisrechnungen zu über- oder untergeordneten Raumeinheiten (Länder, Regierungsbezirke oder Gemeinden). Ein Nachteil dieser relativen Maße ist, dass weder die Zahl noch die Größenstruktur der betrachteten Unternehmen berücksichtigt wird.

- Bei den absoluten Konzentrationsmaßen wird die Anzahl und Größenstruktur der untersuchten Unternehmen in die Berechnungen einbezogen. Diese Gruppe von Konzentrationsmaßen setzt selbstverständlich gute Datenquellen voraus, da Informationen zur Anzahl der Beschäftigten in einzelnen Unternehmen benötigt werden.

Die komplexeste Variante der Konzentrationsmaße bedient sich dabei der Kombination von relativen und absoluten Elementen (Ellison & Glaeser, 1997). Jeder relative oder zumindest relative Elemente verwendende Index geht mit mehreren Ungenauigkeiten einher: Das Ergebnis eines solchen Konzentrationsmaßes beansprucht Gültigkeit für eine Raumeinheit, welche mitunter große Distanzen annehmen kann. Sogar in der eher kleinteiligen Klassifikationen der Landkreise[1] kann die räumliche Unschärfe beachtlich sein. Beispielsweise verfügt der Landkreis Oberallgäu im Regierungsbezirk Schwaben über eine räumliche Ausdehnung von Norden nach Süden von etwa 60 Kilometern. Eine Aussage zu wirtschaftlicher Konzentration suggeriert, dass dieser Befund für den ganzen Landkreis zutrifft, obwohl das Ergebnis maßgeblich durch einzelne Städte innerhalb des Landkreises verursacht sein könnte.

---

[1]NUTS-3

Ferner unterliegen diese Maße einem methodischen Problem, welches durch die Zuordnung von Beobachtungen zu regionalen Einheiten entsteht. Dieses Phänomen ist in
Abbildung 4.1 veranschaulicht. Die Punkte A, B und C seien Unternehmen des gleichen
Wirtschaftszweiges, wobei C und B in Region I verortet sind und A sich in Region II befindet. Die auf administrativen Einheiten berechneten Maße würden Region I ein besonderes
Gewicht bezüglich dieses Wirtschaftszweiges zuschreiben, insbesondere wenn sowohl C als
auch B mehr Beschäftigte aufweisen als A. Augenscheinlich liegt aber die Clusterung, welche als die räumliche Ballung gleicher und ähnlicher Wirtschaftszweige aufgefasst werden
kann, im Umgriff von B und A vor, da sich diese Beobachtungen bedeutend näher sind
als C und B.

Abbildung 4.1: Erfassungsproblem bei administrativen Einheiten
          Quelle: Verändert nach Eckey *et al.* (2012, S. 142).

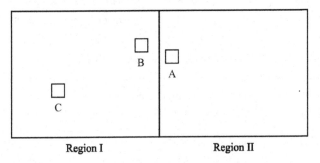

Dieser Sachverhalt ist Teil des „Areal-Unit-Problems" welches bei dem Aggregieren
von Daten in Gebietseinheiten auftritt. Hierzu zählt auch, dass die Auswahl eines bestimmten Maßstabes (Gemeinden oder aber Landkreise) zu einer stark veränderten opti-
schen Wahrnehmung von Phänomenen führt (Madelin *et al.*, 2009). Auch ökonometrische
Schätzungen reagieren sensibel auf auf den gewählten räumlichen Zuschnitt (Rosenthal
& Strange, 2001, S. 193ff.).

Diese Nachteile umgehen nur alternative Methoden der Konzentrationsmessung, wie etwa die K-Funktion (Eckey *et al.*, 2012). Dabei erfolgt die Lokalisation der betrachteten Elemente in einem Koordinatensystem, wodurch die dargelegten Schwächen der regionalen Zuordnung überwunden werden können.

Es ist das zentrale Bestreben der vorliegenden Arbeit, mittels Geokodierung[2] eine weitaus exaktere Modellierung des Untersuchungsraumes zu erzielen, als dies ohne dieses Verfahren möglich wäre. Duranton und Overman haben eine viel beachtete Arbeit unter Verwendung dieses Ansatzes vorgelegt. Ihre Analyse mittels der K-Funktion unterliegt aber durch die Geokodierung von Postleitzahlgebieten ebenfalls gewissen Unschärfen (Duranton & Overman, 2005, S. 1081). Ähnlichen Verzerrungen unterliegt die Analyse von Rosenthal & Strange (2003, S. 379ff.), welche ebenfalls Postleitzahlgebiete und somit geschlossene Gebietseinheiten verwenden.

Folglich bietet nur eine GIS-Umgebung die Möglichkeit, die erläuterten Unschärfen durch administrative Einheiten zu überwinden: „Using geo-referenced individual-level data in a GIS environment, spatial analysis will no longer be affected by any prior zonal or areal partition of the study area" (Kwan, 2000, S. 89).

Da, wie gezeigt, die physische Distanz ein zentrales Merkmal von Clustern und externen Effekten ist, ist ihre Verwendung in Modellen ein vielversprechender Ansatz in der Clusteranalyse. Diesem Vorgehen wurde bislang nur vergleichsweise wenig Beachtung geschenkt. „Although extant research has established that proximity of clusters in general is an important locational characteristic of clusters, limited attention has been paid to a focal firm's proximity (i.e.,geographical distance)" (Bindroo *et al.*, 2012, S. 18).

Eine sehr bedeutende Arbeit unter Verwendung des GIS-Ansatzes stammt von Wallsten. Durch die Nutzung eines Datensatzes auf der Unternehmensebene sowie eine genaue Referenzierung werden Ergebnisse deutlich, welche auf der Ebene der Regionen nicht beobachtbar sind. Die zu erklärende Variable seiner Arbeit war die Partizipation in einem auf kleine und mittlere Unternehmen ausgerichteten, nationalen Forschungsprogramm. Von besonderem Interesse ist dabei die Distanzempfindlichkeit von Spillovern. Im Ergebnis befinden sich 17% aller teilnehmenden Unternehmen im Umgriff von weniger als 160 Metern zu zumindest einem weiteren Teilnehmer. Wird der Radius einer Meile betrachtet, sind sogar über 50% aller geförderten Unternehmen inkludiert (Wallsten, 2001, S. 581). Murray (2010) bietet einen guten Überblick zu weiteren mit GIS bearbeitenden Fragestellungen in wissenschaftlichen Publikationen.

---
[2]Zuordnung geographischer Koordinaten zu Beobachtungen

Auch die vorliegende Arbeit hat das Ziel, das Areal-Unit-Problem zu überwinden. Mit der Nearest-Neighbour Analysis (vgl. Abschnitt 4.4) kommt ein Verfahren unter Verwendung der GIS-Umgebung zum Einsatz, welches die räumliche Konzentration ohne Verzerrungen bestimmen kann. Für das ökonometrische Verfahren werden die untersuchten Unternehmen und Einrichtungen mit Koordinaten an ihrer exakten Position erfasst.

Ungeachtet der genannten Nachteile werden in den folgenden Abschnitten einige Konzentrationsmaße auf konventionellem Weg ermittelt, da sie stets auch erste Indizien über eine regionale Spezialisierung anzeigen können. Das nachfolgende Unterkapitel zeigt die wesentlichen deskriptiven Statistiken zu den interessierenden Variablen.

4.1 Deskriptive Statistiken

Die nachfolgende Tabelle 4.2 zeigt für die wesentlichen, im Verlauf der Arbeit interessierenden Variablen einen Überblick über die deskriptiven Statistiken. Diese werden für das innere und das äußere Untersuchungsgebiet getrennt ausgegeben. Für die Variablen Jahresumsatz, Anzahl der Mitarbeiter und deren Quotient sind nach Aggregaten[3] die Kennziffern gelistet. Aufgrund der stärkeren Robustheit gegen Ausreißer wird der Median an Stelle des arithmetischen Mittels verwendet. Die Tabelle 4.1 zeigt die nachfolgend verwendeten Kurzbezeichnungen und deren Bedeutung.

Tabelle 4.1: Variablenbeschreibung der deskriptiven Statistiken

Variable	Beschreibung
A	Äußeres Untersuchungsgebiet: Baden-Württemberg, Hessen, Thüringen und Sachsen
I	Inneres Untersuchungsgebiet: Bayern
n	Anzahl der Unternehmen je Aggregat
M	Anzahl der Mitarbeiter im Jahr 2011 [Median]
U	Jahresumsatz in Tsd. Euro [Median]
UjM	Jahresumsatz in Tsd. Euro je Mitarbeiter [Median]

Es zeigt sich, dass in den drei industriellen Branchenaggregaten (Chemie, Metall und EDV) die Unternehmen über eine höhere Zahl von Mitarbeitern verfügen und sie auch bessere Relationen hinsichtlich der Kenngröße Umsatz je Mitarbeiter erzielen als die unternehmensnahen Dienstleister (vgl. Tabelle 4.2).

---

[3]In jedem Aggregat des äußeren Untersuchungsgebiet [A] liegen die Fallzahlen [n] oberhalb jenen von Bayern [I], da unter [A] insgesamt vier Bundesländer subsumiert sind.

Tabelle 4.2: Deskriptive Statistiken nach Untersuchungsgebiet

A	n	M	U	UjM
Chemie	1.584	17	2.736	146
Metall	5.512	16	1.900	123
EDV	1.722	17	2.200	137
UD	4.933	7	825	107

I	n	M	U	UjM
Chemie	982	16	2.203	140
Metall	2.528	13	1.600	120
EDV	1.029	12	1.800	148
UD	3.878	5	651	116

4.2 Hoover-Balassa Index

Konzentrationsmaße sind trotz ihrer Nachteile ein gängiges Instrument zur Analyse regionaler Spezialisierung. Die Betrachtung lohnt auch, weil die Befunde mittelfristig bestand haben. Grundlegende Änderungen der regionalen Spezialisierung der Industrie zeigen sich nur in Zeiträumen von Jahrzehnten (Midelfart-Knarvik *et al.*, 2000).

Im Rahmen dieser Arbeit werden die Konzentrationen jener Wirtschaftszweige untersucht, welche für die Herstellung von modernen Werkstoffen relevant sind. Durch die Verwendung der Daten aus DAFNE (Zahl der Mitarbeiter in den betrachteten Unternehmen) sind Analysen möglich, welche allein über die Beschäftigtenzahlen der amtliche Statistik nicht darstellbar wären. Aus Gründen der Anonymisierung werden Beschäftigte dort nur in relativ großen Aggregaten ausgewiesen.

Als erstes Berechnungsmaß wird der Hoover-Balassa-Index berechnet. Dieser vergleicht die Spezialisierung einer untergeordneten zu einer übergeordneten Raumeinheit. Formal lässt sich dieser darstellen als:

$$HB_{ij} = \frac{E_{ij}}{E_j} / \frac{E_i}{E}$$

- E_{ij}: Beschäftigung in Branche i in Region j

- E_j: Gesamtbeschäftigung in Region j

- E_i: Gesamtbeschäftigung in Branche i

- E: Gesamtbeschäftigung, d.h. Beschäftigung aller betrachteten Regionen und Branchen

Quelle: Verändert übernommen nach Farhauer & Kröll (2013, S. 301).

Ab welcher Höhe des HB eine Region über eine eindeutige Spezialisierung verfügt, ist bislang umstritten (Kiese, 2012, S. 65). Wird die Grenze nieder angesetzt, werden entsprechend viele Spezialisierungen identifiziert und umgekehrt. Im Rahmen dieser Arbeit wird ein Grenzwert von 2,0 festgesetzt, da dieser mit der Interpretation einer „doppelt so starken Bedeutung" als im übergeordneten Vergleichsraum konform ist.

Die nachfolgende Analyse erfolgt in mehreren Teilschritten, dabei werden

- die Spezialisierung auf moderne Werkstoffe in Relation zu allen sozialversicherungspflichtig Beschäftigten in den Regierungsbezirken (vgl. Tabelle 4.3)

- die Spezialisierung auf einzelne Branchenaggregate in den Regierungsbezirken (vgl. Tabelle 4.4)

- sowie besonders hohe Konzentrationen in den Branchenaggregaten auf Ebene der Landkreise berechnet (vgl. beispielsweise Abbildung 4.2).

In dem erstgenannten Schritt wird die Summe der Beschäftigten aller Branchenaggregaten für moderne Werkstoffe (MW)[4] zur Summe aller sozialversicherungspflichtig Beschäftigten (SvB)[5] in den jeweiligen Regierungsbezirken in Relation gesetzt. Das Ergebnis ist eine erste Näherung, welche Gebietseinheiten der NUTS-2 Klassifikation eine entsprechende Spezialisierung der Wirtschaft aufweisen.

Der Regierungsbezirk Oberbayern zeigt insgesamt die stärkste Spezialisierung auf die Herstellung moderner Werkstoffe (HB: 1,569). Bis auf Niederbayern unterschreiten die übrigen Regierungsbezirke den Wert von 1,0 (vgl. Tabelle 4.3), welcher eine identische

---

[4]Datenquelle: DAFNE
[5]Datenquelle: Bayerisches Landesamtes für Statistik, Werte zum Stichtag 30.06.2012

Spezialisierung im Vergleich zu der übergeordneten Region (in diesem Fall das Bundesland Bayern) anzeigt.

Tabelle 4.3: HB-Indices nach Regierungsbezirken
Quelle: Eigene Berechnung

	$\sum MW$	$\sum SvB$	HB
Oberbayern	470.708	1.798.573	1,569
Niederbayern	70.410	410.538	1,028
Oberpfalz	36.235	404.106	0,537
Oberfranken	42.120	393.547	0,642
Mittelfranken	52.621	699.636	0,451
Unterfranken	64.095	478.628	0,803
Schwaben	68.552	642.388	0,640
Bayern	804.741	4.827.416	1

In dem nächsten Analyseschritt werden die einzelnen Branchenaggregate getrennt voneinander betrachtet. Als Gesamtbeschäftigung E dienen nun nicht mehr die gesamten sozialversicherungspflichtig Beschäftigten, sondern die Beschäftigten im Bereich moderner Werkstoffe. Für das Aggregat der Chemie zeigt der Regierungsbezirk Oberfranken als einziger eine sehr ausgeprägte Spezialisierung an (4,0), Mittelfranken und Schwaben verfügen über eine mittlere Spezialisierung. Das Aggregat Metall zeigt mittelstarke Spezialisierungen in Unterfranken und Schwaben. Auf das Aggregat EDV ist Niederbayern stark spezialisiert, auf entsprechende unternehmensnahe Dienstleistungen (UD) der Regierungsbezirk Mittelfranken. Der Regierungsbezirk Oberbayern zeigt als einziger Regierungbezirk eine überdurchschnittliche Spezialisierung von leichter Ausprägung in drei von vier Aggregaten. Die insgesamt geringste Spezialisierung ist für Niederbayern und Unterfranken festzustellen.

Tabelle 4.4: Indices des HB-Index nach Branchenaggregaten und Regierungsbezirken
Quelle: Eigene Berechnung

	Chemie	Metall	EDV	UD
Oberbayern	0,585	1,008	1,120	1,060
Niederbayern	0,900	0,469	2,055	0,599
Oberpfalz	1,321	1,135	0,866	0,549
Oberfranken	4,013	0,717	0,451	0,626
Mittelfranken	1,840	0,687	0,436	2,638
Unterfranken	0,723	1,538	0,510	0,438
Schwaben	1,544	1,327	0,394	0,734
Bayern	1	1	1	1

Der nächste Schritt beachtet die nächstkleinere regionale Einheit, es werden die Landkreise und kreisfreien Städte betrachtet. An dieser Stelle muss beachtet werden, dass
eine Verkleinerung der betrachteten Ebene (Landkreise und kreisfreie Städte) steigende
Größen der Indices hervorruft (Kiese, 2012, S. 63).

Auf der Ebene der Landkreise übersteigen für das Aggregat der Chemie betrachtet 32
Landkreise oder kreisfreie Städte den zuvor festgelegten Schwellenwert von 2,0. Ausgeprägte regionale Spezialisierungen der Chemie finden sich in Oberfranken, Unterfranken
und Schwaben (vgl. Abbildung 4.2).

Abbildung 4.2: Regionale Spezialisierung: Chemie (HB>2,0)
              Quelle: Eigene Darstellung

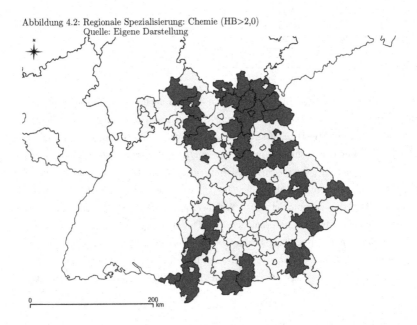

Für das Aggregat Metall ist die regionale Spezialisierung deutlich seltener zu identifizieren. Eine entsprechend hohe Ausprägung (>2,0) ist lediglich für die kreisfreien Städte
Ingolstadt, Aschaffenburg und Schwabach sowie den Landkreis Regensburg zutreffend
(vgl. Abbildung 4.3).

Abbildung 4.3: Regionale Spezialisierung: Metall (HB>2,0)
              Quelle: Eigene Darstellung

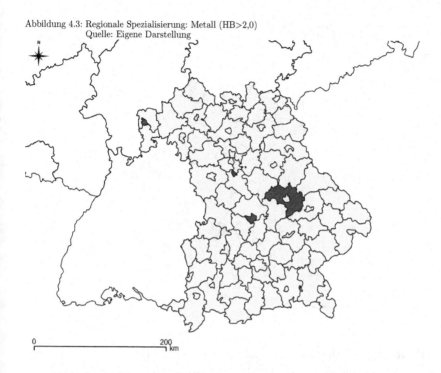

Die regionalen Spezialisierungen für das Aggregat EDV liegen mit wenigen Ausnahmen peripher an den Grenzen zu Nachbarstaaten (vgl. Abbildung 4.4). Hierzu zählen der Landkreis Miltenberg in Unterfranken, der Landkreis Cham in der Oberpfalz oder Traunstein im Regierungsbezirk Oberbayern.

Abbildung 4.4: Regionale Spezialisierung: EDV (HB>2,0)
           Quelle: Eigene Darstellung

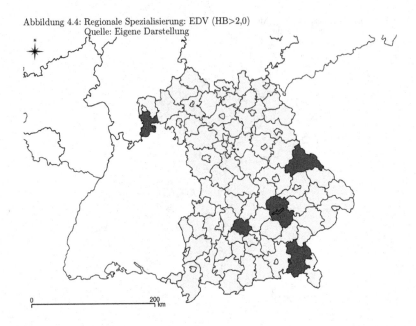

Für das Aggregat der unternehmensnahen Dienstleistungen (UD) ist, wenn auch mit vereinzelten Strukturbrüchen versehen, eine Achse von Nordwesten nach Südosten erkennbar. Diese umfasst teilweise auch Agglomerationsräume wie Nürnberg oder Regensburg (vgl. Abbildung 4.5).

Abbildung 4.5: Regionale Spezialisierung: Unternehmensnahe Dienstleistungen (HB>2,0)
              Quelle: Eigene Darstellung

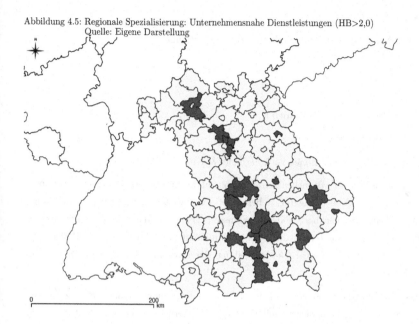

Die sehr vereinzelte, nahezu zufällig anmutende Verteilung offenbart auch eine weitere Schwierigkeit von Konzentrationsmaßen: Die schlüssige Interpretation und Ablei-
tung von Kausalität. Es dürfte nahezu unmöglich sein, diese regionale Spezialisierung
mit wirtschaftlichen Entwicklungen der letzten Jahre in einen einwandfreien Zusammenhang zu bringen und daraus regionalpolitische Empfehlungshaltungen zu generieren. Die
Größenstruktur der einzelnen Unternehmen ist als erste methodische Verbesserung Teil
der Analyse im nachfolgenden Abschnitt.

4.3 Konzentration auf Ebene der Unternehmen

Der Hirschman-Herfindahl-Index (HHI) misst als absolutes Konzentrationsmaß die Verteilung der Merkmale auf die Anzahl der Merkmalsträger (Eckey *et al.*, 2005, S. 130). Er ist
ein Indikator für die Intensität des Wettbewerbs und wird hier anhand der Konzentration
der Beschäftigten auf einzelne Unternehmen gemessen.

Formal ist dieser gegeben durch

$$H_i = \sum_{k=1}^{K} z_{ik}^2$$

- K: Anzahl der Betriebe

- z_i: Anteil von Betrieb k an der Gesamtbeschäftigung

$$z_i = \frac{E_{ik}}{E_i}$$

- E_{ik}: Beschäftigung in Betrieb k

- E_i: Gesamtbeschäftigung

Quelle: Verändert übernommen nach Farhauer & Kröll (2013, S. 316).

Nachfolgend wird die Branchenkonzentration auf der Ebene Bayerns, seiner Regierungs-bezirke sowie der Branchenaggregate berechnet. Ohne weitere Überlegungen wäre hierbei zunächst keine Vergleichbarkeit der Ergebnisse gegeben, da die Zahl der Unternehmen je Branchenaggregat unterschiedlich ist. Im Minimum liegen die Werte des HHI bei $\frac{1}{K}$, dieser Wert resultiert bei einer Gleichverteilung. Bei maximaler Konzentration nimmt der HHI den Wert 1 an.

Das Minimum von Unternehmen ist durch den Regierungsbezirk Oberpfalz für das Aggregat EDV gegeben, welches mit lediglich 32 Unternehmen besetzt ist. Daher wird nachfolgend die Berechnung auf Ebene der Regierungsbezirke und der Aggregate auf die jeweils 30 beschäftigungsstärksten Unternehmen beschränkt. Dieses Vorgehen verzerrt die erzielten Ergebnisse nur minimal, da die Werte des HHI maßgeblich durch die größten Merkmalsträger determiniert werden (Eckey *et al.*, 2005, S. 130f.).

Es bestehen Erfahrungswerte, wie die Größen des HHI zu interpretieren sind. Werte <0,1 gelten als niedere, zwischen 0,1 und 0,18 als mittelstark ausgeprägte und jene >0,18 als starke Konzentration (Eckey *et al.*, 2005, S. 131).

Bezogen auf das Bundesland Bayern ist die Konzentration unter den TOP-30 Unterneh-men gering (0,094). In Oberbayern ist diese bereits stärker, maßgeblich bedingt durch die BMW AG sowie die AUDI AG. Die stärkste Konzentration ist für den Regierungsbezirk Niederbayern auszumachen, maßgeblich determiniert durch die Fritz Dräxlmaier GmbH & Co. KG.

In Mittelfranken und Schwaben ist unter den TOP-30 Unternehmen eine gleichmäßigere Verteilung der Beschäftigten auf die betrachteten Unternehmen zu identifizieren (vgl. Tabelle 4.5).

Hinsichtlich der Konzentration in den Aggregaten werden ebenfalls nur die jeweils 30 größten Unternehmen bezüglich Beschäftigung zur Berechnung herangezogen, um aber-

Tabelle 4.5: HHI der 30 größten Unternehmen in den Regierungsbezirken
Quelle: Eigene Berechnung

	HHI
Oberbayern	0,138
Niederbayern	0,483
Oberpfalz	0,196
Oberfranken	0,109
Mittelfranken	0,077
Unterfranken	0,118
Schwaben	0,080
Bayern	0,094

mals eine entsprechende Vergleichbarkeit zu gewährleisten. Die stärkste Konzentration der Beschäftigten auf große Unternehmen ist für das Aggregat Metall gegeben. Bedingt auch hier durch die Hersteller von Automobilen sowie die Unternehmen der Luft- und Raumfahrt wie die MTU Aero Engines AG oder die Premium AEROTEC GmbH. Alle drei industriellen Branchenaggregate übersteigen den Wert von 0,1. Diese Größenordnung ist bereits ein Indiz für mittelstark ausgeprägte Konzentrationserscheinungen auf einzelne Unternehmen.

Tabelle 4.6: HHI der 30 größten Unternehmen in den jeweiligen Branchenaggregaten
Quelle: Eigene Berechnung

Aggregat	HHI
Chemie	0,143
Metall	0,205
EDV	0,128
UD	0,057

Die bislang dargestellten Ergebnisse zeigen die durchaus dispers verteilte regionale Spezialisierung auf die einzelnen Branchenaggregate. Während unternehmensnahe Dienstleistungen ihre räumlichen Schwerpunkte nahe der Agglomerationen haben, sind die industriellen Schwerpunkte eher in den suburbanen Landkreisen zu identifizieren. Die hier dargestellten Befunde erscheinen vor dem Hintergrund bereits vorliegender und thematisch analoger Untersuchungen als sehr plausibel (Bundesinstitut für Bau, 2012, S. 60). Im nachfolgenden Kapitel wird die räumliche Verteilung der Unternehmen in einer GIS-Umgebung analysiert, um unverzerrte Schlüsse auf die räumliche Verteilung der einzelnen Branchenaggregate ziehen zu können.

4.4 Nearest-Neighbour Analysis

Es ist ein besonderes Anliegen dieser Arbeit, den Grad der räumlichen Clusterung der Branchenaggregate richtig zu erfassen. Während es für die Indices selbst stets methodische Verbesserungen gibt (Mori *et al.*, 2005), bleibt die Überwindung des Areal-Unit-Problems eine Herausforderung.

Die Verwendung eines GIS ermöglicht es hingegen, sich auf die Entfernungen zu fokussieren, welche die einzelnen Merkmalsträger zueinander aufweisen. Die Abbildung 4.6 verdeutlicht diesen Ansatz anhand eines Beispiels von vier Unternehmen. Jedes dieser Unternehmen verfügt über eines, welches ihm räumlich am nächsten ist. In Richtung des Pfeiles ist genau dieses benannt und ebenso die entsprechende Distanz angegeben. Hinsichtlich des des Untersuchungsraumes gelten die folgenden Annahmen:

- der Untersuchungsraum kann eine beliebige, flächenhafte Form annehmen

- der Flächeninhalt des Untersuchungsraumes muss berechenbar oder bekannt sein

- alle untersuchten Elemente befinden sich innerhalb des Untersuchungsraumes

- bei der vergleichenden Analyse unterschiedlicher Gruppen[6] muss der Untersuchungsraum identisch sein.

---

[6]In diesem konkreten Fall unterschiedliche Wirtschaftszweige

Abbildung 4.6: Nearest-Neighbour Analysis
Quelle: Eigene Darstellung

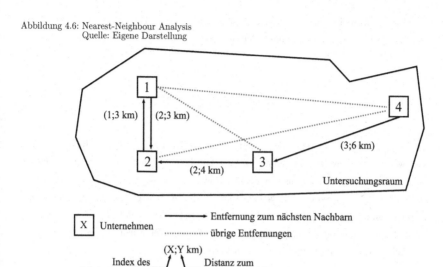

Für eine solche Verteilung im Raum lässt sich durch die Verwendung eines GIS ein Grad der Clusterung bestimmen. Dabei kommt eine „Nearest-Neighbour Analysis" (NNA) zum Einsatz. Sie berechnet zu jedem Punkt n_i eines Branchenaggregates aus $n-1$ Elementen den nächstgelegenen Nachbarn. Aus diesen kürzesten Entfernungen wird der Mittelwert gebildet und zur Fläche und zur Anzahl der Punkte in Relation gesetzt (Clark & Evans, 1954). Auf diese Arbeit angewendet ist das Ergebnis R_i der NNA gegeben durch:

$$R_i = \frac{\bar{d}_i}{\frac{1}{2}\sqrt{\frac{a}{p_i}}} \tag{4.1}$$

- $\bar{d}_i$: mittlerer Abstand zu den nächsten Nachbarn innerhalb des gleichen Branchen-aggregates[7] (Einheit: m)

- a: Fläche des Untersuchungsraumes[8] (Einheit: m^2)

- p_i: Anzahl der untersuchten Elemente innerhalb eines Branchenaggregates

Quelle: Verändert übernommen nach Negle & Witherick (1998, S. 28).

---

[7]mit Hilfe des GIS und den georeferenzierten Unternehmensdaten berechnet
[8]für alle Aggregate: 91.473.889.577 m^2. Entspricht der Fläche der Bundesländer Bayern, Baden-Württemberg, Hessen, Thüringen und Sachsen

Für das in Abbildung 4.6 illustrierte Beispiel würde sich, bei einer angenommen Fläche des Untersuchungsraumes von 80.000.000 m² ergeben:

$$R_i = \frac{\frac{(3.000\ \text{m}+3.000\ \text{m}+4.000\ \text{m}+6.000\ \text{m})}{4}}{\frac{1}{2}\sqrt{\frac{80.000.000\ \text{m}^2}{4}}} \tag{4.2}$$

Die Werte der NNA bewegen sich grundsätzlich zwischen Null und geringfügig oberhalb von Zwei. Werte nahe Null deuten auf eine starke Clusterung hin. Werte um Eins deuten an, dass ein zufälliges Raummuster vorliegt. Größere Werte zeigen eine Repulsion an; d.h. die Punkte sind so angeordnet, dass jedes Element den größtmöglichen Abstand zu seinen Nachbarn einnimmt (Negle & Witherick, 1998, S. 28). Die nachfolgende Abbildung 4.7 verdeutlicht den Zusammenhang zwischen dem auf einen Wert verdichteten Ergebnis und dem dazugehörigen Muster der räumlichen Verteilung.

Abbildung 4.7: Werte der NNA und ihre räumlichen Muster
                Quelle: Veränderte Darstellung nach Negle & Witherick (1998, S. 28).

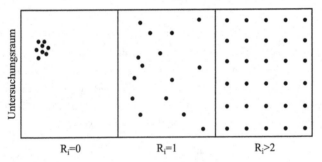

Für das Branchenaggregat Chemie ergibt sich beispielsweise:

$$R_{\text{Chemie}} = \frac{2.695\ \text{m}}{\frac{1}{2}\sqrt{\frac{91.473.889.577\ \text{m}^2}{2.566}}} = 0,90275212 \tag{4.3}$$

Auch für alle weiteren Branchenaggregate werden analog die Werte berechnet, sie sind in Tabelle 4.7 dargestellt. Zunächst unterschreiten alle untersuchten Branchenaggregate den Wert von 1, was zumindest geringe Ansätze von Clusterung anzeigt. Unter allen Aggregaten ist jenes der Chemie vergleichsweise regelmäßig verteilt, die stärkste Clusterung ergibt sich für das Aggregat der unternehmensnahen Dienstleistung (UD) mit einem Wert von etwa 0,6. Charakteristisch ist die starke Bindung von Unternehmen dieser Branchen an die großen Agglomerationen (siehe Abbildung 4.11).

Tabelle 4.7: Ergebnisse der NNA nach Branchenaggregaten
Quelle: Eigene Berechnung

Aggregat	p_i	$\bar{d}_i$	R_i
Chemie	2.566	2.695 m	0,90275212
Metall	8.040	1.191 m	0,70618942
EDV	2.751	2.235 m	0,77518301
UD	8.811	953 m	0,59154382

Diese eigenen Beobachtungen sind durch bereits vorliegende Erkenntnisse in der Literatur gestützt. Die als wissensintensiv geltenden Wirtschaftszweige[9] wie die unternehmensnahen Dienstleistungen sind in Deutschland stark räumlich konzentriert (Kulke, 2010, S. 188ff.). Kosfeld *et al.* (2011, S. 325) erläutern in Bezug auf industrielle Branchen ferner, dass die metallverarbeitenden Unternehmen räumlich stark konzentriert sind, was zu den hier vorliegenden Befunden konform ist.

Sofern geokodierte Informationen vorliegen, ist dieses Instrument aus Sicht des Autors geeignet, Fragen der räumlichen Verteilung besser zu beantworten als Indices. Die Eigenschaften der NNA entsprechen praktisch allen Anforderungen, welche Combes *et al.* (2008, S. 256ff.) an einen guten Messwert regionaler Spezialisierung anlegen. Während Abschnitt 4.2 die regionale Spezialisierung der Beschäftigten fokussiert, zeigen die nachfolgenden Abschnitte, welche räumlichen Konzentrationen der Unternehmen in den einzelnen Branchenaggregaten zu beobachten sind. Die nachfolgenden Kartogramme zeigen die räumliche Verteilung sowohl in dem inneren Untersuchungsgebiet Bayern[10] als auch den umgebenden Bundesländern[11]. In den nachfolgenden Abbildungen repräsentiert jeder Punkt ein Unternehmen.

4.4.1 Chemie

In seiner Gesamtheit ist die Verteilung des Aggregates Chemie als zufällig zu bezeichnen. Die räumlichen Konzentrationen sind allenfalls schwach was sich auch in einem Wert der NNA, welcher Nahe an der Ziffer 1 liegt, verdeutlicht. Eine augenscheinlich höhere

---

[9]Als Indikatoren gelten der Anteil der hochqualifizierten und qualifizierten Arbeitskräfte, die Aufwendungen für Forschung und Entwicklung (FuE) sowie der Anteil der FuE-Beschäftigten an der Gesamtbeschäftigung.

[10]Regierungsbezirke sind ebenfalls dargestellt

[11]Diese werden ebenfalls aufgenommen, da eine größere Grundfläche die Genauigkeit der Ergebnisse positiv beeinflusst.

Dichte von Unternehmen des Aggregates Chemie befindet sich im Umfeld der Mittelge-
birge Spessart und Taunus. Die Metropolregionen Stuttgart und München sind ebenfalls
Räume von hoher Konzentration dieses Branchenaggregates (vgl. Abbildung 4.8).

Abbildung 4.8: Verteilung des Branchenaggregates Chemie (n=2.566; $R_{Chemie} \approx 0{,}9$)
Quelle: Eigene Darstellung

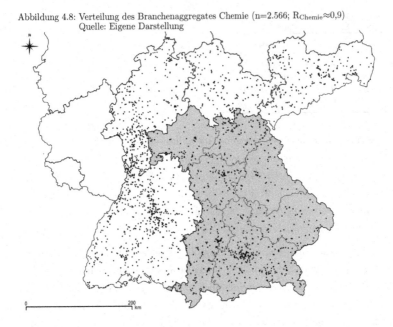

4.4.2 Metall

Die Aggregate Metall und UD verfügen beide über eine vergleichbar hohe Fallzahl von
jeweils über 8.000 Unternehmen im Rahmen dieser Darstellung. Die räumliche Verteilung ist indes stark abweichend. Die Metallbranchen zeigen eine sehr flächenhafte und
regelmäßige Ausdehnung, welche neben den Agglomerationen auch suburbane Ballungen,
beispielsweise nahe des Oberrheins, zeigt (vgl. Abbildung 4.9).

Abbildung 4.9: Verteilung des Branchenaggregates Metall (n=8.040; $R_{Metall} \approx 0,7$)
Quelle: Eigene Darstellung

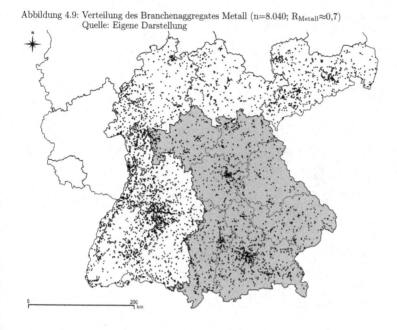

4.4.3 EDV

Wie die NNA ergibt, sind die Unternehmen des Aggregates EDV im Durchschnitt bedeutend näher zueinander gelegen als jene des Aggregates Chemie, welches durch eine ähnlich hohe Fallzahl gekennzeichnet ist. Das Aggregat EDV ist räumlich stark an die Ballungszentren Dresden, Frankfurt, Nürnberg, Stuttgart sowie München gebunden (vgl. Abbildung 4.10).

Abbildung 4.10: Verteilung des Branchenaggregates EDV (n=2.751; $R_{EDV} \approx 0{,}8$)
             Quelle: Eigene Darstellung

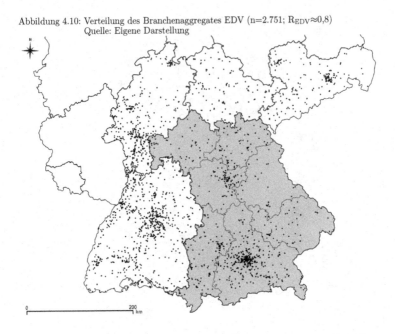

4.4.4 Unternehmensnahe Dienstleistungen

Die räumlich stärkste Bindung von Unternehmen an Agglomeration zeigt das Aggregat der unternehmensnahen Dienstleistungen – nahezu jeder Verdichtungsraum in Süddeutschland verfügt über eine erhöhte Dichte solcher Dienstleistungsfunktionen. Stark ausgeprägte Ballungen befinden im Süden der Region Rhein-Main sowie abermals in Stuttgart und im Einzugsgebiet der bayerischen Landeshauptstadt München (vgl. Abbildung 4.11).

Abbildung 4.11: Verteilung des Branchenaggregates Unternehmensnahe Dienstleistungen (n=8.811; $R_{UD}\approx0,6$)
Quelle: Eigene Darstellung

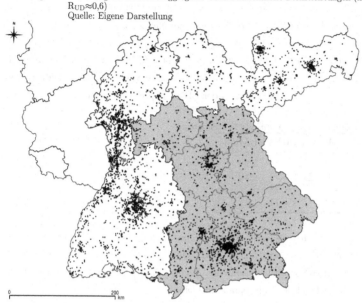

Die Darstellungen und Berechnungen dieses Abschnittes entstehen aus dem Gesamtaggregat von Unternehmen. Die Zahl ihrer Mitarbeiter und somit die Beschäftigungsrelevanz einzelner Unternehmen sind hier noch nicht von Bedeutung. Diesen Aspekt inkludiert der nachfolgende Abschnitt.

4.5 Clusterung und Unternehmensgröße

Um Unternehmen nach ihrer „Größe" voneinander abzugrenzen, sind Klassen hinsichtlich der Anzahl der Mitarbeiter eine häufig verwendete Trenngröße. Dies ist deshalb ein gängiges Verfahren, da in der Regionalökonomie die Beschäftigungsrelevanz einzelner Unternehmen und Branchen ein häufig thematisierter und untersuchter Gegenstand ist. Diese Möglichkeit wird auch in diesem Abschnitt angewandt, um die Frage zu untersuchen, ob kleine, mittlere und große Unternehmen sich hinsichtlich ihrer räumlichen Verteilung nennenswert voneinander unterscheiden. Konkret bedeutet dies, dass räumliche Verteilungsmuster daraufhin untersucht werden, ob eher die beschäftigungsstärkeren Unternehmen oder ihre kleineren Mitbewerber im Markt eine Tendenz anzeigen, sich räumlich zu ballen. In Bezug auf die Methodik werden weiterhin vier Branchenaggregate untersucht, und

einige tausend Unternehmensdaten verwendet, welche auf zehn Meter genau im Raum
verortet sind. Für jedes der Aggregate werden drei Trennwerte berechnet (siehe Tabelle
4.8). Diese sind so bestimmt, dass pro Aggregat drei Größenklassen der Mitarbeiterzahl
unterschieden werden können. Diese verfügen über eine nahezu identische Zahl von Unternehmen. Besipielsweise besteht ein Kleinunternehmen (SMALL) im Aggregat EDV aus
weniger als acht Mitarbeitern, eines der mittleren Größenordnung hat zwischen acht und
28 Mitarbeiter und ein Großunternehmen der EDV entsprechend mehr.

Tabelle 4.8: Größenklassen nach Anzahl der Beschäftigten

	SMALL	MEDIUM	LARGE
Chemie	<9	≥9 x <30	≥30
Metall	<9	≥9 x <26	≥26
EDV	<8	≥8 x <28	≥28
UD	<3	≥3 x <11	≥11

Durch diese Vorgehensweise lässt sich für die bereits in Tabelle 4.2 beschriebenen Unterschiede in der Betriebsgrößenstruktur der einzelnen Branchen kontrollieren. Tabelle 4.9
zeigt, dass durch diese Vorgehensweise in den Aggregaten (hier: Zeilen) eine vergleichbare
Anzahl von Unternehmen je Größenklasse verbleibt.

Tabelle 4.9: Anzahl der Unternehmen nach Größenklasse

	SMALL	MEDIUM	LARGE	n
Chemie	819	854	893	2.566
Metall	2.589	2.736	2.715	8.040
EDV	872	959	920	2.751
UD	2.280	3.439	3.092	8.811

Somit lassen sich für vier Aggregate und jeweils drei Größenklassen mittels der NNA
zwölf Werte hinsichtlich der Clusterung berechnen. Im Aggregat Chemie ergibt sich folgendes Bild: Die Werte für p_i sind aus Tabelle 4.9 (erste Zeile) bereits gegeben. Die mittleren Abstände zum nächsten Nachbarn innerhalb der Größenklassen (SMALL, MEDIUM
& LARGE) werden durch das GIS einzeln berechnet und sind unter dem Symbol $\bar{d}_i$ in
Metern wiedergegeben. Im Ergebnis (R_i) ist zu sehen, dass eine steigende Unternehmensgröße mit einer höheren Konzentration im Raum einhergeht (vgl. Tabelle 4.10). Denn
unter den Chemieunternehmen mit weniger als neun Mitarbeitern beträgt der mittlere
Abstand zum nächsten Nachbarn (berechnet unter 819 Unternehmen) rund 5,7 Kilometer, unter den Großunternehmen der Chemie sind es lediglich 4,9 km (893 Unternehmen)
und schließlich im Ergebnis auch geringere Werte für R_i.

Tabelle 4.10: NNA im Aggregat Chemie nach Größenklasse

	p_i	$\bar{d}_i$	R_i
Chemie $SMALL$	819	5.762 m	1,09042708
Chemie $MEDIUM$	854	5.605 m	1,08314344
Chemie $LARGE$	893	4.934 m	0,97500377

Ein analoges Bild ergibt sich auch für die Unternehmen aus den Wirtschaftszweigen der Metallverarbeitung, denn mit steigender Unternehmensgröße steigt die räumliche Konzentration (vgl. Tabelle 4.11).

Tabelle 4.11: NNA im Aggregat Metall nach Größenklasse

	p_i	$\bar{d}_i$	R_i
Metall $SMALL$	2.589	2.750 m	0,92529484
Metall $MEDIUM$	2.736	2.626 m	0,90831020
Metall $LARGE$	2.715	2.386 m	0,82212296

Auch im Aggregat EDV zeigen die Unternehmen mit einer hohen Zahl von Mitarbeitern eine höhere räumliche Konzentration an (vgl. Tabelle 4.12).

Tabelle 4.12: NNA im Aggregat EDV nach Größenklasse

	p_i	$\bar{d}_i$	R_i
EDV $SMALL$	872	4.785 m	0,93437585
EDV $MEDIUM$	959	4.571 m	0,93605625
EDV $LARGE$	920	4.366 m	0,87570750

Und schließlich zeigt sich dieses Muster auch bei den unternehmensnahen Dienstleistern in der bereits identifizierten Form. Während Dienstleister mit wenigen Mitarbeitern in durchschnittlich 2,3 km ihren nächsten Nachbarn mit ebenfalls wenigen Mitarbeitern haben, sind es bei größeren Dienstleistern lediglich 1,7 km durchschnittliche Distanz zum nächsten, ebenfalls beschäftigungsintensiven Dienstleister (vgl. Tabelle 4.13).

Tabelle 4.13: NNA im Aggregat UD nach Größenklasse

	p_i	$\bar{d}_i$	R_i
UD $_{SMALL}$	2.280	2.257 m	0,71265675
UD $_{MEDIUM}$	3.439	1.865 m	0,72322986
UD $_{LARGE}$	3.092	1.683 m	0,61884984

Bemerkenswert an diesem Teil der Analyse ist die Konsistenz über die vier verschiedenen Branchenaggregate hinweg: Mit steigender Betriebsgröße steigt die räumliche Konzentration an, insbesondere wenn die kleinste und größte Klasse des gleichen Aggregates verglichen werden. Diese Befunde werden durch bereits vorliegende Arbeiten gestützt. Nach Arauzo Carod & Manjón Antolín (2004) zeigen große Unternehmen[12] bei der Lokalisation eine Präferenz für große Städte. Während es sich in deren und vielen vergleichbaren Analysen um Korrelationen zwischen Unternehmensgröße und modellierten Stadtgrößen handelt, muss angemerkt werden, dass die NNA für solche Fragestellungen das überlegene Verfahren ist. Denn räumliche Konzentrationen erfasst die NNA unabhängig von der Zugehörigkeit zu einer Stadt.

Eine erste induktive Interpretation legt nahe, dass große Unternehmen die räumliche Nähe zueinander suchen, da sie stärker von den wechselseitig bereitgestellten externen Effekten (Ausbildung von Mitarbeitern in anderen Unternehmen) profitieren können.

4.6 Mehrdimensionale Clusteranalyse

GIS-Analysen ermöglichen es, eine Clusterung auch in mehreren Dimensionen zu identifizieren. Zunächst ist es naheliegend, dass räumliche Ballungen von Interesse sind, in diesem Schritt wird der Analyse eine weitere Bedingung hinzugefügt: Besonders effizient agierende Unternehmen. Effizienz ist an dieser Stelle operationalisiert über die monetäre Erfolgsgröße aus Jahresumsatz je Mitarbeiter.

Entsprechende Analysen funktionieren nach der Logik von „WHERE-Klauseln" in SQL, in diesem Fall mit „AND" als booleschen Operator. Das Untersuchungsgebiet dieser Analyse ist der gesamte süddeutschen Raum. Gesucht sind in diesem Fall die räumlichen Lagen von jenen Unternehmen, welche folgende Kriterien gleichzeitig erfüllen:

---

[12]Über die Zahl der Mitarbeiter operationalisiert

- Die Anzahl von benachbarten Unternehmen (genannt Counts) liegt oberhalb des Medians, und;

- Der Quotient aus Jahresumsatz je Mitarbeiter[13] liegt ebenfalls oberhalb des Medians.

Abbildung 4.12: Mehrdimensionale Clusteranalyse: A ∩ B
Quelle: Eigene Darstellung

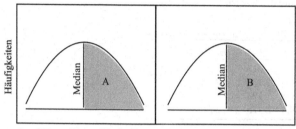

Selektiert werden somit hinsichtlich ihrer räumlichen Lage die hochverdichteten Bereiche (A) mit effizient agierenden Unternehmen (B) (vgl. Abbildung 4.12). Obgleich an dieser Stelle der Arbeit keine kausalen Schlüsse gezogen werden, erscheinen dies sinnhafte Kriterien einer Clusteranalyse zu sein. Es handelt sich hier um eine Analyse von Raumstrukturen, welche in der Tradition der Industriedistrikte (vgl. Abschnitt 2.4.1) interpretierbar ist. Die Tabelle 4.14 zeigt die deskriptiven Statistiken zu der skizzierten Methodik. Beispielsweise besteht das Aggregat EDV aus 2.751 Unternehmen, bezogen auf die Erfolgsgröße erzielte die untere Hälfte dieser Unternehmen weniger als 140.000 Euro Umsatz je Mitarbeiter im Jahr 2011, die andere Hälfte entsprechend mehr. Innerhalb eines Radius von 20 km haben haben gering geclusterte Unternehmen des Aggregates EDV weniger als 42 Nachbarn, die zweite Hälfte in hochverdichteten Räumen entsprechend mehr als 42.

Tabelle 4.14: Zusammenfassende Statistiken der Clusteranalyse

Aggregat	n	Quotient [in Tsd. Euro] aus $\frac{U_i}{M_i}$ (Median)	Counts (Median)
Chemie	2.566	142	25
Metall	8.040	121	85
EDV	2.751	140	42
UD	8.811	110	235

---

[13]In Abschnitt 5.2 ausführlich betrachtet

Die nachfolgende Tabelle 4.15 zeigt, in welchem Umfang sich die Zahl der betrachteten Unternehmen durch die Verknüpfung von zwei betrachteten Merkmalen (hohe Erfolgsgröße sowie räumliche Konzentration) verringert. Die ursprüngliche Gesamtstichprobe n lässt sich dann in ein hochverdichtetes und effizientes Cluster (n_{high}) und eine Restgröße von Unternehmen teilen. Diese gehören einerseits zur unteren Hälfte der Verteilung hinsichtlich der Erfolgsgröße und sind gleichzeitig disperser im Raum verteilt (n_{low}). Durch die Berechnung über den Median verbleiben annähernd gleich große Anteile in den einzelnen Branchenaggregaten (zwischen 24% und 27%).

Tabelle 4.15: Stichprobengröße der mehrdimensionalen Clusteranalyse

Aggregat	n	n_{low}	n_{high}	n_{high} von n
Chemie	2.566	1.949	617	24%
Metall	8.040	5.869	2.171	27%
EDV	2.751	2.028	723	26%
UD	8.811	6.533	2.278	26%

4.6.1 Chemie

Für das Aggregat Chemie wird eine Abfrage benötigt, um die Unternehmen gemäß den festgelegten Kriterien zu identifizieren. „ujm" ist der Variablenname für den Quotient aus Jahresumsatz je Mitarbeiter (2011), „Counts" sind die Zahl der umgebenden Unternehmen im Radius von 20 km. Die SQL-Where-Klausel für das Aggregat Chemie unter Verwendung der Werte in Tabelle 4.14 lautet folglich:

ujm >142 AND Counts >25

Die Abfrage gibt von den ursprünglichen 2.566 Unternehmen noch 617 Unternehmen zurück, welche die beiden genannten Bedingungen simultan erfüllen (vgl. Tabelle 4.15). Die Abbildung 4.13 zeigt das verbleibende räumliche Muster für n_{high} im Aggregat Chemie.

Abbildung 4.13: Chemie – high Cluster (n=617; $R_{\text{Chemie (high)}} \approx 0{,}5$)
Quelle: Eigene Darstellung

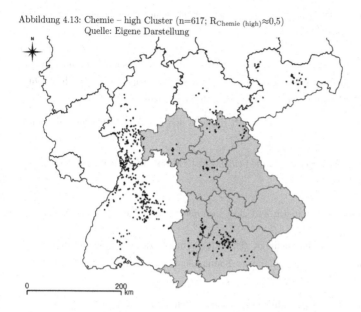

Insofern ist es von Interesse, in welchem Ausmaß die Unternehmen aus n_{high} stärker räumlich konzentriert sind als jene aus n_{low}. Gemäß der Formel 4.3 erzielt das gesamte Aggregat Chemie in Süddeutschland einen Wert der NNA in Höhe von 0,90, was praktisch keinen Ansatz räumlicher Clusterung erkennen lässt. Die Werte der Zähler in allen nachfolgenden Gleichungen werden mittels des GIS berechnet, die Zahl der untersuchten Elemente ist aus Tabelle 4.15 bekannt. Für n_{high} ergibt sich ein stark verkleinerter Wert der NNA in Höhe von 0,45, für die Restgröße bestehend aus n_{low} ein erhöhter Wert gegenüber dem gesamten Sample der Chemie.

$$R_{\text{Chemie (high)}} = \frac{2.741 \text{ m}}{\frac{1}{2}\sqrt{\frac{91.473.889.577 \text{ m}^2}{617}}} = 0,450228559 \tag{4.4}$$

$$R_{\text{Chemie (low)}} = \frac{3.375 \text{ m}}{\frac{1}{2}\sqrt{\frac{91.473.889.577 \text{ m}^2}{1.949}}} = 0,985283294 \tag{4.5}$$

Von West nach Ost sind im äußeren Untersuchungsgebiet die folgenden prägnanten Clusterungen zu identifizieren:

- Eine linienhafte Verteilung, welche sich vom Südwesten Hessens über Karlsruhe bis zur baden-württembergischen Hauptstadt Stuttgart erstreckt. Die südlichste Clusterung in Baden-Württemberg befindet sich im Schwarzwald-Baar-Kreis.

- In Thürigen nur vereinzelte Clusterbereiche in den Landkreisen Gotha und Sonneberg.

- In Sachsen konzentrieren sich die beiden Clusterungen auf die beiden großen Städte Leipzig und Dresden.

Innerhalb Bayerns ergeben sich, geordnet nach der Stärke, folgende Clusterungen:

- Die stärkste Clusterung befindet sich im Regierungsbezirk Oberbayern rund um die Landeshauptstadt München (in der Summe sind dies 83 Unternehmen im Regierungsbezirk Oberbayern).

- Die zweitstärkste Ausprägung ergibt sich für den Regierungsbezirk Schwaben, mit Schwerpunkten um die Hauptstadt Augsburg, sowie Ausläufern im Unter- und Ostallgäu (49 Unternehmen).

- Die weiteren Ränge belegen die Regierungsbezirke Oberfranken (26), Mittelfranken (19) sowie Unterfranken (13).

- Gänzlich ohne Clusterung von effizienten Unternehmen im Bereich Chemie verbleiben die Regierungsbezirke Oberpfalz und Niederbayern.

4.6.2 Metall

Für das Aggregat Metall müssen in der Abfrage die zugehörigen Werte berücksichtigt werden. Diese sind abermals der Tabelle 4.14 zu entnehmen. Aufgrund der Mächtigkeit dieses Aggregates werden selbstverständlich auch relativ viele Unternehmen in der Abfrage zurückgegeben. Die „WHERE-Klausel" in SQL lautet:

ujm >121 AND Counts >85

und liefert 2.171 Unternehmen. Wie auch die nachfolgende Abbildung 4.14 nahelegt, ist die räumliche Ballung des Aggregates Metall (n_{high}) gegenüber der Chemie intensiviert.

$$R_{\text{Metall (high)}} = \frac{1.135 \text{ m}}{\frac{1}{2}\sqrt{\frac{91.473.889.577 \text{ m}^2}{2.171}}} = 0,349709311 \qquad (4.6)$$

$$R_{\text{Metall (low)}} = \frac{1.567 \text{ m}}{\frac{1}{2}\sqrt{\frac{91.473.889.577 \text{ m}^2}{5.869}}} = 0,793839078 \qquad (4.7)$$

Abbildung 4.14: Metall – high Cluster (n=2.171; $R_{\text{Metall (high)}}$≈0,35)
Quelle: Eigene Darstellung

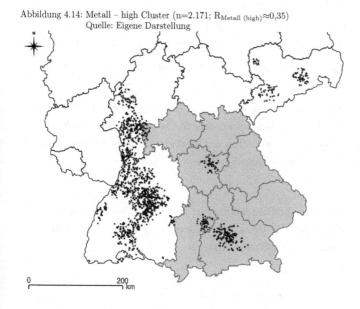

Im äußeren Untersuchungsgebiet ergeben sich folgende Clusterformationen:

- Der Südwesten von Hessen ist ein hoch geclustertes Gebiet, die stärkste Ballung findet sich rund um die Städte Frankfurt, Offenbach und Pforzheim.

- Die Clusterung von Baden-Württemberg beschreibt die Form eines umgekehrten „C" und erfasst die Achse von Heidelberg, Heilbronn über die Landeshauptstadt Stuttgart und läuft nördlich der Donau entlang der schwäbischen Alb wiederum nach Westen.

- In Sachsen sind drei Formationen erkennbar, welche zu den Städten Chemnitz, Leipzig und Dresden sowie deren Umland gerechnet werden können.

Innerhalb Bayerns ergeben sich, abermals geordnet nach der erkennbaren Stärke, nachfolgende Clusterstrukturen:

- Die deutlich stärkste Clusterung ist im Regierungsbezirk Oberbayern rund um die Landeshauptstadt München mit 228 Unternehmen zu beobachten.

- Die zweitstärkste Ausprägung ergibt sich für den Regierungsbezirk Schwaben und hier um dessen Hauptstadt Augsburg, welche aus 81 Unternehmen besteht.

- Den dritten Rang belegt das Städtedreieck um Nürnberg, Fürth und Erlangen mit 61 Unternehmen.

- Den vierten und letzten nennenswerten Rang belegt der Regierungsbezirk Unterfranken, dessen Clusterung sich auf lediglich 36 Unternehmen beschränkt, welche sich in unmittelbarer Nachbarschaft zu den bereits beschriebenen Agglomerationen im Bereich Darmstadt und Offenbach in Hessen befinden.

4.6.3 EDV

Der Weg zur Identifikation der Clusterungen folgt auch innerhalb des Aggregates EVD dem bereits bekannten Muster. Die Grenzwerte der kombinierten Selektion sind abermals der Tabelle 4.14 zu entnehmen und lauten verknüpft:

$$ujm > 140 \text{ AND Counts} > 42$$

Verglichen mit den Aggregaten Chemie und Metall ist die räumliche Dichte der Clusterungen im Aggregat EDV abermals erhöht. Der Wert der NNA für effiziente und stark geballt lokalisierte Unternehmen beläuft sich nunmehr auf 0,28 – ein Indiz für eine enorm ausgeprägte räumliche Konzentration.

$$R_{\text{EDV (high)}} = \frac{1.609 \text{ m}}{\frac{1}{2}\sqrt{\frac{91.473.889.577 \text{ m}^2}{723}}} = 0,286092594 \qquad (4.8)$$

$$R_{\text{EDV (low)}} = \frac{2.880 \text{ m}}{\frac{1}{2}\sqrt{\frac{91.473.889.577 \text{ m}^2}{2.028}}} = 0,857645643 \qquad (4.9)$$

Die nachfolgende Abbildung 4.15 zeigt die verbleibenden Agglomerationen für dieses Aggregat ($R_{\text{EDV (high)}}$), welche durch den hohen Grad der räumlichen Konzentration nur vergleichsweise geringe Teile des gesamten Untersuchungsgebietes erfassen.

- Innerhalb Baden-Württembergs verbleiben die Räume um Stuttgart und Karlsruhe sowie die Bereiche nördlich der Donau auf der schwäbischen Alb als einzig nennenswerte Cluster (264 Unternehmen).

- Für Hessen verbleibt eine enge Clusterung in strikter Nord-Süd Ausrichtung, welche an dieser Stelle 134 Unternehmen umfasst.

- In Sachsen verbleibt für das Aggregat EDV lediglich eine Clusterung, welche sich um Dresden lokalisiert (32).

Auf Ebene der Bundesländer sind im inneren Untersuchungsgebiet Bayern zunächst die meisten Unternehmen gelegen (über 290). Diese verteilen sich auf lediglich drei Kerne: Um die Landeshauptstadt München in Oberbayern (226), Nürnberg in Mittelfranken (40) und letztlich um Augsburg in Schwaben mit 22 Unternehmen.

Abbildung 4.15: EDV – high Cluster (n=723; $R_{EDV\ (high)} \approx 0{,}29$)
Quelle: Eigene Darstellung

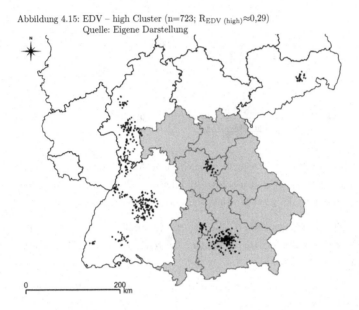

4.6.4 Unternehmensnahe Dienstleistungen

Die Werte in Tabelle 4.14 sind für die Auswahl der Unternehmen abermals maßgebend und ergeben in diesem Fall folgende Berechnungsklausel:

ujm >110 AND Counts >235

Der Wert der NNA für die starke Clusterung ist unter den unternehmensnahen Dienstleistern mit Abstand der geringste. Gemäß der nachfolgenden Formel beläuft sich dieser auf lediglich 0,15 – was als maximal starke räumliche Konzentration zu interpretieren ist.

$$R_{\text{UD (high)}} = \frac{486 \text{ m}}{\frac{1}{2}\sqrt{\frac{91.473.889.577 \text{ m}^2}{2.278}}} = 0,153389119 \tag{4.10}$$

$$R_{\text{UD (low)}} = \frac{1.250 \text{ m}}{\frac{1}{2}\sqrt{\frac{91.473.889.577 \text{ m}^2}{6.533}}} = 0,668109681 \tag{4.11}$$

Die verbleibenden räumlichen Konzentrationen (siehe Abbildung 4.16) sind daher schnell benannt – Stuttgart und Karlsruhe in Baden-Württemberg, der Großraum Frankfurt in Hessen sowie die Stadt Dresden in Sachsen innerhalb des äußeren Untersuchungsgebietes.

Für Bayern verbleiben lediglich zwei Clusterungen: Dies ist abermals der Großraum München und als einzig weitere die mittelfränkische Hauptstadt Nürnberg.

Abbildung 4.16: Unternehmensnahe Dienstleistungen – high Cluster (n=2.278; $R_{UD\ (high)} \approx 0,15$) Quelle: Eigene Darstellung

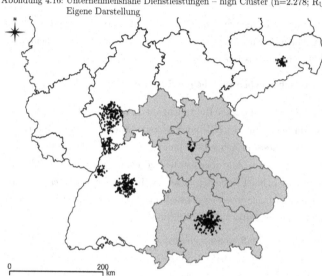

4.6.5 Zusammenfassung

Die hier dargestellten Befunde sind der Versuch, mittels einer verknüpften Clusterana-lyse für vier Branchenaggregate zu zeigen, an welchen Stellen sich effizient wirtschaftende und gleichzeitig räumlich konzentrierte Unternehmen befinden. Anstatt die Unterschiede erneut zu vertiefen, ist ein zusammenfassender Blick auf die Gemeinsamkeiten ein denk-barer Weg der Strukturierung. Innerhalb des äußeren Untersuchungsgebietes erscheinen für alle vier Aggregate als Cluster die Räume um die folgenden Agglomerationen:

- Stuttgart (Baden-Württemberg)

- Mannheim (Baden-Württemberg)

- Karlsruhe (Baden-Württemberg)

- Frankfurt (Hessen)

- Dresden (Sachsen)

Innerhalb Bayerns haben alle Aggregate räumliche Schwerpunkte in den Räumen um die folgenden Agglomerationen:

- München (Oberbayern)

- Nürnberg (Mittelfranken)

Aufgrund von Clusterungen in allen drei industriellen Aggregaten, jedoch ohne Cluster im Bereich der unternehmensnahen Dienstleister, verbleibt mit drei Clustererscheinungen die Stadt Augsburg in Schwaben als letzte nennenswerte räumliche Einheit.

4.7 Clusterung in unterschiedlichen räumlichen Einheiten

An dieser Stelle der Arbeit kann nun eine Rückschau auf die bislang vollzogenen Schritte erfolgen. In Kapitel 4 wurden mittels des HB-Index regionale Spezialisierungen auf Ebene der Landkreise untersucht. Dieses in seiner Berechnung leicht zu handhabende Maß hat seine Stärken in der Interpretation, ohne aber resistent gegen das Areal-Unit-Problem zu sein. Die NNA hingegen überwindet diese Schwäche, die Ergebnisse sind aber nur dann untereinander vergleichbar, so lange stets der gleiche Untersuchungsraum betrachtet wird. Hierzu liegt mit Selvin (2004, S. 130) eine ausführliche Darstellung vor.

Ein erst kürzlich vorgestelltes Maß, welches gleichzeitig resistent gegen das Areal-Unit-Problem und dennoch flexibel hinsichtlich des Untersuchungsraumes ist, stammt von Marcon und Puech. Sie schlagen in ihrem theoretischen Papier die M-Funktion vor, ohne sie empirisch anhand von Daten zu überprüfen (Marcon & Puech, 2010, S. 747).

Die M-Funktion basiert auf der Erfassung und Analyse von Punktdaten. Dabei werden eine Grundgesamtheit N und ein „target neighbour type" mit der Notation T unterschieden. Die Gruppe T sind in diesem Fall die Unternehmen einer zu untersuchenden Branche (Marcon & Puech, 2010, S. 748). Die Frage, ob die Gruppe T gegenüber der Grundgesamtheit von Unternehmen N räumlich konzentriert ist, kann die M-Funktion beantworten. Eine didaktisch gut aufgearbeitete Darstellung des Index von Marcon und Puech mit einer graphischen Erläuterung ist dem Lehrbuch von Farhauer & Kröll (2013, S. 359ff.) zu entnehmen, auf welchem auch die nachfolgenden Erläuterungen beruhen.

Eine Konzentration von Unternehmen ist dann gegeben, falls Unternehmen der Gruppe T relativ gesehen besonders zahlreiche Nachbarn aus der gleichen Branche haben. In einem ersten Schritt wird um jedes Unternehmen der interessierenden Gruppe ein Kreis mit einem beliebigen Radius gezogen.[14] Dann werden die Nachbarn aus der gleichen Branche für jedes dieser Unternehmen ermittelt und mit T_i notiert. Die beispielhafte Abbildung 4.17 zeigt, dass es vier Unternehmen gibt, welche jeweils einen branchengleichen Nachbarn haben (A) und drei Unternehmen mit jeweils zwei (B). Um nun für die räumliche Ballung abseits der eigenen Branchenzugehörigkeit zu kontrollieren, wird T_i durch N_i dividiert. N_i ist die Gesamtzahl aller umgebenden Unternehmen unabhängig von ihrer Branchenzuteilung.

Letztlich muss für jeden Kreis um ein Unternehmen das Verhältnis aus T_i/N_i ermittelt werden und im Anschluss der Mittelwert aus diesen Quotienten gebildet werden $(\overline{T_i/N_i})$. Dieses Vorgehen liefert auch für die im Randbereich des Untersuchungsraumes liegende Unternehmen (C) korrekte Werte.

Abbildung 4.17: M-Index nach Marcon und Puech
Quelle: Eigene Darstellung nach Farhauer & Kröll (2013, S. 361)

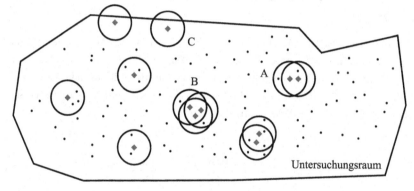

Der M-Index besteht im Zähler aus dem erläuterten Durchschnitt und im Nenner aus dem Quotienten aller „target neighbour type" und der Grundgesamtheit. Er ist nach Marcon & Puech (2010, S. 748) formal definiert als:

$$M = \frac{\overline{T_i/N_i}}{T/N} \tag{4.12}$$

Im Ergebnis nimmt die M-Funktion einen Wert oberhalb von 1 an, falls die Branche T

---

[14]Im Rahmen der nachfolgenden Untersuchung wurden 20 km gewählt.

gegenüber der Grundgesamtheit N räumlich geclustert ist.

Ausgehend von den vier Branchenaggregaten dieser Arbeit wird der M-Index in den jeweils ersten Gleichungen für den gesamten Untersuchungsraum berechnet. Dieser Raum ist identisch mit den Analysen aus dem Abschnitt 4.4, somit können die Ergebnisse der NNA auf Plausibilität hin geprüft werden.

In einem tiefergehenden Schritt kann der Untersuchungsraum variiert werden, und nur noch Teilräume betrachtet werden. Die Bundesländer Baden-Württemberg (BW) und Bayern (BY) heben sich in Bezug auf die Fläche deutlich von den übrigen Bundesländern der Betrachtung ab. Daher wird der M-Index in jedem Aggregat neben dem Gesamtraum (Baden-Württemberg, Bayern, Hessen, Thüringen, Sachsen) auch für diese beiden großen Bundesländer jeweils singulär berechnet. Somit kann in den folgenden Abschnitten auf insgesamt zwölf Varianten des M-Index (4 Aggregate $\times$ 3 Untersuchungsräume) zurückgegriffen werden.

4.7.1 Chemie

Bezogen auf den Gesamtraum der fünf Bundesländer ist das Aggregat der Chemie stärker räumlich konzentriert als die Grundgesamtheit aus allen vier Branchenaggregaten. Die zugehörige Formel 4.13 ergibt einen Wert, welcher deutlich oberhalb von 1 liegt. In Bayern zeigen die Unternehmen der Chemie eine deutlich stärkere Tendenz an, sich räumlich zu ballen als in Baden-Württemberg.

$$M_{\text{Chemie}} = \frac{\overline{T_i/N_i}}{T/N} = \frac{0,136010183}{\frac{2.566}{22.168}} \approx \frac{0,136}{0,116} \approx 1,17 \tag{4.13}$$

$$M_{\text{Chemie (BW)}} = \frac{\overline{T_i/N_i}}{T/N} = \frac{0,111669505}{\frac{714}{6.938}} \approx \frac{0,112}{0,103} \approx 1,09 \tag{4.14}$$

$$M_{\text{Chemie (BY)}} = \frac{\overline{T_i/N_i}}{T/N} = \frac{0,148980756}{\frac{982}{8.417}} \approx \frac{0,149}{0,117} \approx 1,27 \tag{4.15}$$

4.7.2 Metall

Auch die Unternehmen der Metallverarbeitung sind ihrerseits stärker räumlich konzentriert als die Grundgesamtheit aller Unternehmen. Dies gilt für alle drei betrachteten Untersuchungsräume gleichermaßen. In Bayern (Ergebnis von 4.18) ist diese Ballung deutlich stärker als in Baden-Württemberg.

$$M_{\text{Metall}} = \frac{\overline{T_i/N_i}}{T/N} = \frac{0,403371803}{\frac{8.040}{22.168}} \approx \frac{0,403}{0,363} \approx 1,11 \tag{4.16}$$

$$M_{\text{Metall (BW)}} = \frac{\overline{T_i/N_i}}{T/N} = \frac{0,456272629}{\frac{3.009}{6.938}} \approx \frac{0,456}{0,434} \approx 1,05 \tag{4.17}$$

$$M_{\text{Metall (BY)}} = \frac{\overline{T_i/N_i}}{T/N} = \frac{0,344673373}{\frac{2.528}{8.417}} \approx \frac{0,345}{0,300} \approx 1,15 \tag{4.18}$$

4.7.3 EDV

Die industriellen Hersteller der Elektrotechnik sind ihrerseits nur ganz geringfügig stärker räumlich geballt als die Gesamtheit der Unternehmen. Auf Ebene der Bundesländer sind die resultierenden Koeffizienten nahezu identisch.

$$M_{\text{EDV}} = \frac{\overline{T_i/N_i}}{T/N} = \frac{0,128469637}{\frac{2.751}{22.168}} \approx \frac{0,128}{0,124} \approx 1,03 \tag{4.19}$$

$$M_{\text{EDV (BW)}} = \frac{\overline{T_i/N_i}}{T/N} = \frac{0,135350608}{\frac{909}{6.938}} \approx \frac{0,135}{0,131} \approx 1,03 \tag{4.20}$$

$$M_{\text{EDV (BY)}} = \frac{\overline{T_i/N_i}}{T/N} = \frac{0,123826383}{\frac{1.029}{8.417}} \approx \frac{0,124}{0,122} \approx 1,02 \tag{4.21}$$

4.7.4 Unternehmensnahe Dienstleistungen

Der Abschnitt 4.4 liefert erste Anhaltspunkte, dass die Dienstleister für Unternehmen in besonderem Maße räumlich konzentriert sind. Auch der M-Index für die Dienstleister liegt mit 1,20 sehr deutlich oberhalb von eins – kein anderes Aggregat erzielt im Gesamtraum einen solch ausgeprägt hohen Wert. Diese räumliche Konzentration ist in Baden-Württemberg nochmals stärker als im benachbarten Bayern.

$$M_{\text{UD}} = \frac{\overline{T_i/N_i}}{T/N} = \frac{0,477202605}{\frac{8.811}{22.168}} \approx \frac{0,477}{0,397} \approx 1,20 \tag{4.22}$$

$$M_{\text{UD (BW)}} = \frac{\overline{T_i/N_i}}{T/N} = \frac{0,403309105}{\frac{2.306}{6.938}} \approx \frac{0,403}{0,332} \approx 1,21 \tag{4.23}$$

$$M_{\text{UD (BY)}} = \frac{\overline{T_i/N_i}}{T/N} = \frac{0,534936985}{\frac{3.878}{8.417}} \approx \frac{0,535}{0,461} \approx 1,16 \tag{4.24}$$

Die zuvor dargestellten Ergebnisse der NNA (vgl. Abschnitt 4.4) werden durch die Resultate der M-Indizes in allen Belangen bestätigt. Die NNA zeigt in jedem Branchenaggregat eine räumliche Clusterung an. Genau dieses Ergebnis kann durch die Werte des M-Index nach Marcon und Puech für den gleichen Untersuchungsraum bestätigt werden. Insgesamt ist dies mehr als ein Indiz, dass Unternehmen mit ähnlichen Tätigkeiten die räumliche Nähe zueinander gegenüber einer beliebigen Distanz präferieren.

4.8 Räumliche Schwerpunkte

Nach erfolgter Referenzierung über Koordinaten sind GIS in in der Lage, auf regionaler Ebene den Grad der höchsten Clusterung von Unternehmen zu bestimmen. Zwei wesentliche Analysetools für Vektordaten kommen dabei zum Einsatz. In einem ersten Schritt wird ein metrischer Radius bestimmt, für welchen die Clusterung berechnet werden soll (Buffer-Funktion). Anschließend ermitteln Zählfunktionen für jedes Polygon die Anzahl der darin befindlichen Punkte. Ein dritter Analyseschritt gibt in einem neuen Shapefile die aggregierten Atrributwerte[15] aller Elemente innerhalb eines Buffers zurück. Nach der

---

[15] QGIS: Join attributes by location

Definition des räumlichen Umgriffes lassen sich auf beispielsweise folgende Fragestellungen beantworten:

- Um welches Unternehmen sind in einem Radius von beispielsweise 20 km die meisten anderen Unternehmen seiner Branche lokalisiert?

- Um welches Unternehmen sind die in der Summe höchsten Umsätze dieses Branchenaggregates lokalisiert?

- Um welches Unternehmen liegt analog der Cluster mit der höchsten Gesamtbeschäftigung?

- An welchem Ort befindet sich der Schwerpunkt[16] eines räumlichen Settings?

Die entsprechenden Fragen können ungeachtet von strukturpolitischen Überlegungen wertvolle Antworten liefern: Wo befindet sich der optimale Standort einer Weiterbildungseinrichtung oder Regierungsinstitution, welche von einer Vielzahl von Unternehmen und deren Mitarbeitern in kurzer Zeit erreicht werden kann?

Die in diesem Abschnitt dargelegte Analyse wird exemplarisch für das Aggregat Metall durchgeführt. In diesem Beispiel ist der Radius lediglich auf 20 km beschränkt, um nicht verhältnismäßig große Flächen von hoher Clusterung auszuweisen. In Abschnitt 5.2.3 werden indes größere Abstände angewendet. Methodisch funktioniert die Analyse folgendermaßen: Um jedes Unternehmen eines Aggregates wird ein Puffer (engl. Buffer) der entsprechenden Ausdehnung generiert. Diese nun neu vorhandenen Flächen werden mit den ursprünglichen Punktdaten verschnitten. Das GIS gibt in einem dritten Schritt die Zahl der inkludierten Unternehmen in jedem der zuvor erstellten Polygone zurück. Das hier angewandte Beispiel zeigt: Im Minimum ist nur ein weiteres, im Maximum sind sogar weitere 289 Unternehmen des Branchenaggregates Metall um das Unternehmen im Mittelpunkt der stärksten Clusterung lokalisiert. Die Abbildung 4.18 zeigt die zugehörige Häufigkeitsverteilung der Nachbarschaft im Radius von 20 km. Die Verteilung ist stark linksschief, bei den unteren 50% der Verteilung sind höchstens 55 weitere Unternehmen des Aggregates Metall in einem Radius von bis zu 20 km lokalisiert. Einen vertiefenden Überblick zu distanzbasierten Methoden der Clusteranalyse und deren Möglichkeiten geben Marcon & Puech (2010).

---

[16]QGIS: Mean coordinates; Welcher Raumpunkt symbolisiert den Schwerpunkt aller betrachteten Unternehmen? Optional kann das Ergebnis durch weitere Attribute (Umsätze, Mitarbeiter) gewichtet werden.

Abbildung 4.18: Buffer-Analyse für das Aggregat Metall in Bayern (n=2.528)
Quelle: Eigene Berechnung und Darstellung

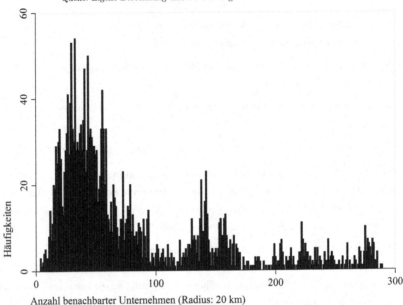

Abbildung 4.19 zeigt gleichzeitig die weiteren Ergebnisse der zuvor beschriebenen Möglichkeit zur Clusteranalyse mittels GIS-Funktionalität:

- Die Ziffer 1 in Abbildung 4.19 markiert das graue Polygon, welches die maximale Anzahl von Unternehmen (289) in einem Radius von 20 km inkludiert.

- Die Ziffer 2 markiert jenes Polygon, in welchem sowohl die Summe der Umsätze als auch der Mitarbeiter aller inkludierten Unternehmen maximal sind. Diese müssen nicht zwangsläufig in einem Punkt zusammenfallen, sie tun dies jedoch in diesem Beispiel. Polygon 2 inkludiert 284 Unternehmen des Branchenaggregates Metall und ist rund 3,8 km weiter südwestlich gelegen als Polygon 1.

- Die Ziffer 3 (im Landkreis Pfaffenhofen an der Ilm gelegen) bildet den bayerischen Schwerpunkt für das Aggregat Metall, falls die hier erzielten Umsätze als Gewichtungsfaktor gewählt werden.

- Die Ziffer 4 (im Landkreis Neuburg-Schrobenhausen gelegen) bildet den analogen Schwerpunkt, falls die Mitarbeiterzahlen aller bayerischen Unternehmen in diesem

Aggregat als Gewichtungsfaktor dienen.

Abbildung 4.19: Clusteranalyse für das Aggregat Metall
       Quelle: Eigene Berechnung und Darstellung

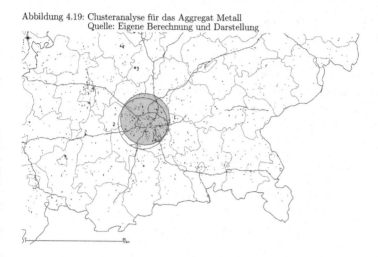

Die üblichen Verfahren mit Konzentrationsmaßen könnten aufgrund des Areal-Unit-Problems die hier dargestellte maximale Dichte von Unternehmen nicht korrekt erfassen: Das Polygon 2 mit einem Radius von 20 km inkludiert die kreisfreie Stadt München vollständig, und schneidet bzw. tangiert sechs weitere Gebietseinheiten auf Ebene der NUTS-3.

Tabelle 4.16: Lagerelation von Polygon 2 zu den Gebietseinheiten auf Ebene der NUTS-3

Name	Topologie	Gemeindeschlüssel
Stadt München	enthalten	9162
Landkreis München	geschnitten	9184
Landkreis Starnberg	geschnitten	9188
Landkreis Dachau	geschnitten	9174
Landkreis Freising	geschnitten	9178
Landkreis Fürstenfeldbruck	geschnitten	9179
Landkreis Bad Tölz-Wolfratshausen	tangiert	9173

4.9 Analyse der Siedlungsstruktur

In dem nachfolgenden Kapitel 6 wird ökonometrisch geschätzt, ob und in welcher Stärke aus räumlicher Dichte für Unternehmen Vorteile hinsichtlich der Erfolgsgröße zu beobachten sind. Die erklärte Variable dabei ist der Umsatz eines Unternehmens je Mitarbeiter.

Die Bedingungen für wirtschaftliche Aktivitäten sind in an Einwohnern armen Gemeinden und bevölkerungsreichen Städten enorm unterschiedlich.

Glaeser (1998, S. 157) geht davon aus, dass Städte den Unternehmen einen Nutzen bieten (Spillover, qualifizierte Arbeitskräfte), welcher jedoch an anderer Stelle durch negative Einflussfaktoren (hohes Preisniveau, Überlastung der Infrastruktur sowie höhere Kriminalität) gemindert wird. Seiner Meinung nach werden sich künftig jene Städte gut entwickeln, welche durch eine mittlere Größe und eine regionale Spezialisierung die Balance in dem zuvor skizzierten Zielkonflikt halten können. Vor diesem Hintergrund erscheint es zunächst lohnend, die Impulskette ausgehend von:

Lokalisation in einer Stadt

▼

ausgeprägtere Konkurrenz

▼

durchschnittlich geringere Preise

▼

durchschnittlich geringere Umsätze

zu betrachten. Um diesen Zusammenhang zu überprüfen, werden die Möglichkeiten des Individualdatensatzes genutzt.

Für jedes Unternehmen in den vier Branchenaggregaten ist bekannt, welche Umsätze erreicht, wie viele Mitarbeiter beschäftigt und somit welche Relation aus Umsatz je Mitarbeiter jeweils erzielt wird. Der Datensatz wird nun um die Summe aller sozialversicherungspflichtig Beschäftigten am Arbeitsort[17] auf Ebene der Gemeinden und kreisfreien Städte in Bayern angereichert. Somit können Korrelationen zwischen den zuvor genannten Variablen und der Gesamtzahl der an den Unternehmensstandorten beschäftigen Arbeitern und Angestellten berechnet werden. Ebenso wie die Zahl der Einwohner ist die Zahl der Beschäftigten ein Proxy für ländliche oder urbane Lagen in einer Siedlungsstruktur[18]. Der Test kann bestenfalls Indizien für sog. Urbanisationsvorteile liefern, er kann sicherlich nicht im Sinne einer auf Kausalität angelegten Analyse interpretiert werden.

---

[17]Datenquelle: Bayerisches Landesamtes für Statistik, Werte zum Stichtag 30.06.2012
[18]Durch die Verwendung von Beschäftigtenzahlen sind auch Pendlerbewegungen hin zum Arbeitsort mit berücksichtigt.

Tabelle 4.17: Korrelation zwischen der Summe der SvP-Beschäftigten am Arbeitsort und den Variablen Umsatz, Mitarbeiter und dessen Quotient im inneren Untersuchungsgebiet

		Koeffizienten		
Aggregat	n	Umsatz	Mitarbeiter	Umsatz je Mitarbeiter
Chemie	982	0.1247	0.1063	0.1542
Metall	2.528	0.0815	0.0884	0.0155
EDV	1.029	0.1076	0.0831	0.0008
UD	3.878	0.0077	0.0360	0.0057

Tabelle 4.17 zeigt, dass die Hypothese von durchschnittlich geringeren Umsätzen bei steigenden Stadtgrößen nicht zu halten ist. Die Koeffizienten zeigen bestenfalls eine sehr schwache, wenngleich stets positive Korrelation. In Bezug auf die erklärte Variable in Kapitel 6 (Umsatz je Mitarbeiter) ist dieser Zusammenhang im Aggregat Chemie noch am stärksten zu identifizieren, wenn auch ebenso in nur sehr schwacher Ausprägung. Die nachfolgende Abbildung 4.20 zeigt für die Aggregate das zugehörige Steudiagramm. Um eine dichtere Visualisierung zu erzielen, wurden beide Variablen logarithmiert. Das Ergebnis zeigt nochmals die zuvor berechneten, schwachen Korrelationskoeffizienten. Weder die zuvor skizzierte Impulskette noch die Annahme dass hohe Umsätze je Mitarbeiter ein Merkmal urbaner Räume sind, lässt sich anhand der dargestellten Befunde so artikulieren.

Abbildung 4.2Q: Summe der SvP-Beschäftigten am Arbeitsort in Relation zu den Umsätzen je Mitar-
            beiter [logarithmiert]
            Quelle: Eigene Berechnung und Darstellung

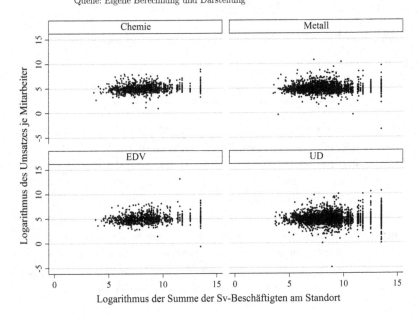

Logarithmus der Summe der Sv-Beschäftigten am Standort

4.10 Dynamische Schwerpunktanalyse

Das nachfolgende Kapitel wird die bisherigen deskriptiven Analysen um die Zeitdimen-
sion erweitern. Die Ausführungen in Abschnitt 2.2 legen es nahe, dass sich die räumlichen
Schwerpunkte wirtschaftlicher Aktivität im Zeitverlauf verlagern können.

Um diese Frage empirisch zu erörtern, wird mit Hilfe des GIS der räumliche Schwerpunkt zu zwei Zeitpunkten berechnet. Die Funktionsweise dieser Schwerpunktanalyse zeigt
die Abbildung 4.21 anhand von jeweils drei Unternehmen. Zwei Aspekte fließen zu jedem
Zeitpunkt der Betrachtung in die Analyse ein: Erstens der Standort eines Unternehmens
und zweitens ein Faktor der Gewichtung. In diesem Beispiel erwirtschaftet das Unternehmen C im Jahr 2007 eine Geldeinheit, das Unternehmen A zwei Geldeinheiten und B
genau drei. Aus den Informationen über die Positionen und die Gewichte lässt sich ein
räumlicher Schwerpunkt (S) bestimmen. Im Jahr 2011 hat sich dieses fiktive Muster nur
in einem Punkt verändert. Das Unternehmen C konnte sich auf 2 Geldeinheiten steigern,
die übrigen blieben gleich. In der Konsequenz hat sich auch der Schwerpunkt nach Süden

verlagert, da er nun durch das höhere Gewicht von C stärker beeinflusst wird. Siehe hierzu Burt *et al.* (2009, S. 131ff.) für Hinweise zur Berechnung und weitere Anwendungsbeispiele.

Abbildung 4.21: Funktionsweise der dynamischen Schwerpunktanalyse
Quelle: Eigene Darstellung

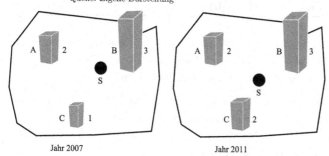

Jahr 2007   Jahr 2011

Methodisch zieht diese Analyse als Gewichtung die Umsätze der Unternehmen in den Jahren 2007 und 2011 heran. Der Untersuchungsraum ist das Bundesland Bayern. Wie bereits bekannt ist, liegt beispielsweise das Zentrum des Clusters für das Aggregat Metall zentral um die Landeshauptstadt München. Die übrigen metallverarbeitenden Unternehmen in Bayern führen analog zur Abbildung 4.21 dazu, dass der Schwerpunkt weiter nördlich als dieses Zentrum gelegen ist. Konkret befindet sich der Schwerpunkt im Jahr 2007 ungefähr 45 km nördlich im Landkreis Pfaffenhofen a.d. Ilm.

Die entscheidende Frage dieser dynamischen Analyse ist nun, ob sich die gewichteten Schwerpunkte[19] über die Jahre näher in die Richtung dieses Zentrums verschoben haben.

Die Tabelle 4.18 zeigt, dass in allen Branchenaggregaten eine Verschiebung des Schwerpunktes zu beobachten ist. Die Richtungen der Verlagerungen sind jedoch uneinheitlich. Während sich die Schwerpunkte der Aggregate Chemie und Metall eher südlich verlagert hatten, wanderten sie in den übrigen Aggregaten nördlich.

Die Distanzen der Schwerpunktverlagerung bewegen sich zwischen 2,3 und 4,3 km. Aufgrund dieser relativ geringen Änderungen hat auch kein Schwerpunkt die Grenze seines Landkreises aus dem Jahr 2007 verlassen.

---

[19]In Tabelle 4.18 ist ersichtlich, dass sich die Größe des Samples im Vergleich zur ursprünglichen Anzahl in Tabelle 3.6 deutlich verringert hat. Dies resultiert aus der Notwendigkeit, für diese Berechnung ein balanciertes Panel zu verwenden.

Tabelle 4.18: Verlagerung der räumlichen Schwerpunkte [Jahr 2007 bis Jahr 2011]

Aggregat	n	Lage des Schwerpunktes	Distanz [km]	Himmelsrichtung
Chemie	606	LK Eichstätt	4,3	Süd
Metall	1.557	LK Pfaffenhofen a.d. Ilm	2,9	Südost
EDV	667	LK Freising	3,2	Nord
UD	1.877	LK Pfaffenhofen a.d. Ilm	2,3	Nord

Vergleichbare Analysen zur wirtschaftlichen Dynamik im Raum, welche insbesondere Branchenkonzentrationen über die Zeit betrachteten, betonen ebenfalls die starke Konstanz der beobachtbaren Strukturen (Dumais *et al.*, 2002, S. 202).

Dieses Beispiel unterstreicht die methodischen Überlegungen im Rahmen dieser Arbeit, durch den Einsatz von GIS-Tools ein höheres Maß an Präzision in der Clusteranalyse zu erzielen. Für einen guten Einblick in diese und weitere Analysewege referenzierter Punktdaten sei auf Selvin (2004, S. 120ff.) verwiesen.

Das nun folgende Kapitel formuliert die Forschungsfragen und erklärt die Modelle der ökonometrischen Analyse.

5 Forschungsfragen, Hypothesen und Modellspezifikation

Die GIS-Analysen in den Abschnitten 4.4 und 4.7 zeigen eindeutig, dass einige Branchenaggregate in starkem Maße räumlich konzentriert sind. Die Forschungsfragen der eigenen Arbeit sind stark an genau diese räumlichen Bezüge angelehnt. Ausformuliert lauten diese:

- Welcher Zugewinn unternehmerischen Erfolges ist bei einer Erhöhung der räumlichen Dichte von weiteren Unternehmen und Beschäftigten zu erwarten?

- Wie sehr schwächen sich externe Effekte über eine größer werdende Distanz ab?

Die Variation innerhalb der vier eingeführten Branchenaggregate soll zeigen, welche unter ihnen stark und welche nur gering von räumlicher Konzentration profitieren. In diesem Kapitel werden hierzu die ökonometrischen Schätzungen spezifiziert. Sie ziehen zur Erklärung des unternehmerischen Erfolges die geographische Lage des untersuchten Unternehmens und die umgebenden Unternehmen mit ihrer wirtschaftlichen Stärke und der Zahl der Mitarbeiter heran. Um für die Position innerhalb des Siedlungssystems zu kontrollieren, werden Hochschulen, Forschungseinrichtungen sowie die hochwertige Verkehrsinfrastruktur (Urbanisationsvorteile) ebenfalls modelliert.

Getrennt nach Branchenaggregaten werden folgende Fragestellungen untersucht:

- Welche Effekte für die Erfolgsgröße der Unternehmen (Umsatz je Mitarbeiter) lassen sich durch den Grad an Clusterung der vorgelagerten Wertschöpfungsstufen in verschiedenen Radien beobachten? (Zulieferer)

- Welche analogen Vorteile sind bei einer steigenden Dichte von Arbeitskräften mit passender Qualifikation zu erwarten? (Arbeitsmarkt)

- Wie ausgeprägt sind diese Effekte, bezogen auf die räumliche Vergesellschaftung innerhalb der gleichen Wertschöpfungsstufe? (Spillover)

5.1 Hypothesen

Als erklärte Variable der drei erläuterten Schätzungen dient mit dem Jahresumsatz pro Mitarbeiter ein betriebswirtschaftliches Maß. Die zentrale Frage ist, welcher monetäre Vorteil für ein Unternehmen durch seine räumliche Lage erklärt werden kann. Von Indikatoren der Innovationsforschung (Neuproduktentwicklungen, Patente etc.) wird hier abgesehen, denn diese Aussagen beanspruchen letztlich nur Gültigkeit für jene Unternehmen, welche tatsächlich diese innovativen Leistungen vollziehen. Dies ist lediglich für einen geringen Prozentsatz von Unternehmen tatsächlich zutreffend.

Auch Oerlemans und Meeus befürworten die Überlegung, sich auf die monetären Vorteile einer Clusterung zu fokussieren: „From an (regional) economic perspective, however, higher innovative outcomes do not necessarily translate into some form of regional economic development because not every innovated product or service has long-lasting success in the market. It is therefore of interest to find out whether the proximity effect also holds for indicators related to economic performance" (Oerlemans & Meeus, 2005, S. 96).

Gemäß der NNA und dem Index von Marcon und Puech zeigen alle betrachteten Branchenaggregate eine Tendenz zur räumlichen Clusterung. Aufgrund der empirischen Befunde der Literatur und der eigenen Überlegungen werden folgende Nullhypothesen bezüglich der erwarteten Veränderungen formuliert:

- $H_0 1$: Ein erhöhter Grad an Clusterung der vorgelagerten Wertschöpfungsstufen führt zu keiner Erhöhung der durchschnittlich erzielten Umsätze je Mitarbeiter in einem Unternehmen c.p.. (Zulieferer)

- $H_0 2$: Ein erhöhter Grad an Clusterung von Arbeitskräften mit passender Qualifikation führt zu keiner Erhöhung der durchschnittlich erzielten Umsätze je Mitarbeiter in einem Unternehmen c.p.. (Arbeitsmarkt)

- $H_0 3$: Ein erhöhter Grad an Clusterung der gleichen Wertschöpfungsstufe führt zu keiner Erhöhung der durchschnittlich erzielten Umsätze je Mitarbeiter in einem Unternehmen c.p.. (Spillover)

- $H_0 4$: Die positiven externen Effekte der Clusterung sind unempfindlich gegenüber einer größer werdenden Distanz.

5.2 Ökonometrisches Modell

Als Schätzverfahren wird ein multiples Regressionsmodell verwendet. Dieses nimmt in seiner grundlegenden Ausprägung die folgende Form an:

$$Y_i = \beta_0 + \beta_1 x_{1i} + \beta_2 x_{2i} + \varepsilon_i \tag{5.1}$$

Die erklärte Variable ist Y_i, die Koeffizenten der einzelnen Betas lassen sich schätzen. Damit kann der Einfluss einer erklärenden Variablen auf Y_i genau beziffert werden. Durch die Aufnahme weiterer Variablen ist dies der für die übrigen aufgenommenen Variablen kontrollierte Effekt. Tests auf Signifikanz erlauben es, die sog. Nullhypothese, dass eine erklärende Variable keinen Einfluss auf Y_i ausübt, zu verwerfen und mit dieser Entscheidung höchstwahrscheinlich richtig zu liegen.

Die Basisgleichung 5.5 wird nun so spezifiziert, dass die erklärte Variable eine unternehmerische Erfolgsgröße ist und die erklärenden Variablen operationalisierte Lokalisationsvorteile in verschiedenen Distanzen sind (vgl. Gleichung 5.2).

$$Erfolgsgroesse_i = \beta_0 + \beta_1 Lokalisationsvorteil(DistanzA)_i$$
$$+\beta_2 Lokalisationsvorteil(DistanzB)_i + \varepsilon_i \tag{5.2}$$

5.2.1 Erklärte Variable

Die erklärte Variable aller Schätzungen ist der Jahresumsatz je Mitarbeiter eines Unternehmens. Sie ist in allen Modellen der Proxy für unternehmerischen Erfolg. Dieser Proxy ist selbstverständlich nur einer von denkbar vielen Variablen zur Messung unternehmerischen Erfolges. Der Verbleib im Markt, die Entwicklung der Beschäftigtenzahl oder die Expansion sind nur einige aus einer Vielzahl von Möglichkeiten. Gerade aber monetär messbare Clustereffekte sind bislang höchst selten empirisch überprüft worden, daher werden sie in dieser Arbeit in den Fokus der Betrachtungen gestellt.

Die Festlegung auf die Variable „Jahresumsatz je Mitarbeiter" ist durch einige Vor- aber eben auch durch einige Nachteile gekennzeichnet. Zu den Vorteilen zählen:

- Der Quotient aus dem Jahresumsatz und der Anzahl der Mitarbeiter ist in allen Fällen größer als Null, daher bleiben die Beobachtungen auch bei der Logarithmierung erhalten.

- Mittels dieser Variablen lässt sich das Raumsystem aus Unternehmen weitaus realistischer modellieren. Dies ist dadurch begründet, dass in der Datenquelle die Zahl von mit Umsätzen hinterlegten Unternehmen jene mit Betriebsergebnissen um den Faktor sechs übertraf.[1]

Die Wahl dieser Variablen birgt gleichzeitig die folgenden Nachteile:

- Umsätze geben keine Auskunft über die entstehenden Kosten in einem Unternehmen. Andere Maßzahlen wie EBIT[2] beinhalten diesen Sachverhalt zwar, jedoch würden alle Unternehmen mit Verlusten in der ökonometrischen Analyse verloren gehen (Logarithmus einer negativen Zahl ist nicht definiert).

- Der Erklärungsgrad der Gesamtvariation (R^2) wird gering ausfallen. Dieses For-

---

[1]An dieser Stelle sei vermerkt, dass die Zellbesetzung in DAFNE hinsichtlich Betriebsergebnissen als defizitär zu bezeichnen ist.
[2]earnings before interest and taxes

schungsvorhaben hat das Ziel zu überprüfen, ob Lokalisationsvorteile einen signifikanten Effekte auf eine unternehmerische Erfolgsgröße haben. Um die Gesamtvariation in hohem Maße durch die Modelle erklären zu können, wäre die Aufnahme einer Vielzahl von unternehmensinternen Kontrollvariablen notwendig. Auch in Bezug auf diese Variablen (z.B. Exportanteil) ist die Datenverfügbarkeit in DAFNE als sehr unausgewogen zu bezeichnen.

Auch wenn Umsätze die Kostenfaktoren vernachlässigen, stehen Umsätze dennoch in einem kausalen Zusammenhang zu den Betriebsergebnissen. Sofern beide Variablen in DAFNE vorhanden sind, ergeben selbst durchgeführte Tests auf Korrelation hohe Koeffizienten im Bereich von 0,7. Letztlich wäre es bei der Verwendung von Betriebsergebnissen und den beschriebenen Verlusten von Fällen nicht mehr möglich gewesen, ein realitätsnahes Abbild der regionalen Wirtschaftsstrukturen zu modellieren. Die in einem Jahr erwirtschafteten Umsätze normiert auf die jeweilige Zahl der Beschäftigten ist daher die verwendete, erklärte Variable.

5.2.2 Erklärende Variablen

Die erklärenden Variablen sind, wie in Gleichung 5.2 beschrieben, die drei Lokalisationsvorteile. Die nachfolgende Tabelle 5.1 zeigt, auf welche Weise diese operationalisiert sind. Der stärkste Erklärungsbedarf ist sicherlich der Modellierung der Variable „Spillover" geschuldet. Spillover gelten als prinzipiell schwer fassbar (vgl. Abschnitt 2.3.2) und werden daher oft über Patente operationalisiert (siehe Acs *et al.* (2002) für ein Beispiel).

Tabelle 5.1: Operationalisierung der erklärenden Variablen

Lokalisationsvorteil	Operationalisierung
Zulieferer	Summe der Jahresumsätze, welche von den umgebenden Zulieferern insgesamt erzielt werden.
Arbeitsmarkt	Summe der Mitarbeiter, welche in den umgebenden, branchengleichen Unternehmen tätig sind.
Spillover	Summe der Jahresumsätze aller umgebenden, branchengleichen Unternehmen. Fungiert als Proxy für die wirtschaftliche Dichte im Umfeld des betrachteten Unternehmens.

Der hier vorgeschlagene Ansatz ist breiter: Patente werden nur von tatsächlich innovierenden Unternehmen angemeldet. Spillover (nach Krugman & Obstfeld (2006, S. 138) verstanden als der Austausch von Information) sind ein viel früher ansetzender und stark alltäglicher Prozess. Es liegt die Annahme zugrunde, dass diese Spillover zwischen branchengleichen Unternehmen in Form von Veranstaltungen, persönlichen Gesprächen und der Beobachtung von Aktivitäten stattfinden. Diese Spillover sind umso größer, je dichter und wirtschaftlich stärker die branchengleiche Nachbarschaft für ein Unternehmen ist. Da die Nachbarschaft zu größeren und kleineren Unternehmen sicherlich unterschiedliche Effekte entfaltet, wird dieser Tatsache über die Summierung der Umsätze aller umgebenden Unternehmen entsprechend Rechnung getragen.

5.2.3 Distanzen der Schätzungen

Bislang wird nur vage von „umgebenden Unternehmen" gesprochen. Dieser Abschnitt zeigt, nach welchen Kriterien die angewendeten Distanzabstufungen bestimmt werden. Die Schätzungen dieser Arbeit erfolgen lediglich in zwei größer werdenden Distanzen. Die zentrale These, dass sich externe Effekte über die Distanz verändern, kann auf diese Weise hinreichend erfasst werden. Um den Radius der ersten Schätzstufe zu bestimmen, wurde folgendermaßen vorgegangen: Für den Regierungsbezirk Oberbayern (höchste Zahl von Unternehmen und Beschäftigten) wurde eine Distanzmatrix des Aggregates Metall erstellt. Diese berechnet für jedes Unternehmen den Abstand zu n-1 Nachbarn. Anschließend kann für konzentrische Kreise die Zahl der darin befindlichen Unternehmen berechnet werden. Tabelle 5.2 zeigt für zehn Kreisfiguren bis zu 50 km den dazugehörigen Flächeninhalt A_i sowie die durchschnittliche Anzahl von darin befindlichen Nachbarn $\bar{n}$, über welche jedes Unternehmen verfügt.

Trotz eines stetig größer werdenden Flächeninhaltes steigt die durchschnittliche Anzahl von benachbarten Unternehmen oberhalb von 30 km nicht mehr wesentlich an. In dem Kreisring zwischen 35 und 40 km ist die Zahl erstmals leicht rückläufig. Daher wird die Grenze von 40 km als erste Schätzstufe angenommen.

Tabelle 5.2: Durchschnittliche Anzahl benachbarter Unternehmen nach Entfernung

Kreis/Kreisring	A_i [km^2]	$\bar{n}$
bis 5km	79	9
> 5 bis 10 km	236	22
>10 bis 15 km	393	32
>15 bis 20 km	550	38
>20 bis 25 km	707	41
>25 bis 30 km	864	43
>30 bis 35 km	1.021	46
>35 bis 40 km	1.178	45
>40 bis 45 km	1.335	46
>45 bis 50 km	1.492	47

Diese erste Schätzstufe (innerer Kreis A) hat folgenden Flächeninhalt:

$$A_A = \pi \times (r_A)^2$$

$$A_A = \pi \times (40 \ km)^2 \approx 5.027 \ km^2$$

Das ökonometrische Modell soll erfassen können, dass sich die Vorteile räumlicher Clusterung über größer werdende Distanzen verändern. Daher wird als zweite Schätzstufe ein Kreisring (B) gewählt. Die Größe von B soll so bestimmt sein, dass beide Figuren über gleichgroße Flächeninhalte verfügen ($A_A = A_B$). Die Figur eines Kreisringes ist nach Papula (2003, S. 33) definiert als

$$A_B = \pi(R^2 - r_A^2)$$

und somit in diesem Fall

$$R = \sqrt{\frac{5.027 \ km^2}{\pi} + 1.600 \ km^2} \approx 56 \ km$$

Der Kreisring (B) verfügt somit über einen zusätzlichen Radius von rund 16 km ($40km + 16km = 56km$). Die Abbildung 5.1 veranschaulicht diese Distanzbestimmung, deutet

das Koordinatensystem an und zeigt die erfassten Einheiten rund um Unternehmen und
Hochschuleinrichtungen.

Abbildung 5.1: Distanzrelationen der Schätzungen
           Quelle: Eigene Darstellung

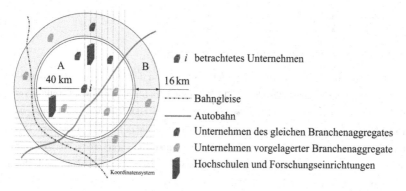

5.2.4 Weitere Modellspezifikationen

Um die Ergebnisse der drei geschätzten Modelle gut untereinander, aber auch zwischen
den Aggregaten vergleichen zu können, werden log-log-Modelle geschätzt. Das Ergebnis
einer solchen Schätzung kann als Beispiel für die Kategorie Arbeitsmarkt als Elastizität
interpretiert werden: Falls der Koeffizient β_1 positiv und hinreichend signifikant ist, ließe
sich formulieren: „Eine Erhöhung der Anzahl der Mitarbeiter in den branchengleichen
Unternehmen innerhalb eines Radius von 40 km um 1%, geht mit der Steigerung des Jahresumsatz je Mitarbeiter des untersuchten Unternehmens um durchschnittlich 0,3% einher, c.p.." Die Logarithmierung ist nebenbei der Schlüssel zur Transformation der oftmals
linksschiefen Verteilungen (Umsätze, Mitarbeiter, Quotient aus Umsatz und Mitarbeiter)
in eine approximative Normalverteilung.[3]

Um für die bestehenden Brancheneffekte (materialintensive oder arbeitsintensive Unternehmen) bestmöglich zu kontrollieren, werden die Schätzungen für jedes Branchenaggregat isoliert durchgeführt. Für jedes der vier Aggregate werden drei Modelle geschätzt,
wobei jedes einen Lokalisationsvorteil als erklärende Variable heranzieht. Die einzige Ausnahme bildet das Aggregat Chemie, da es gemäß der Konstruktion der Supply-Chain über

---

[3]Ein gutes Beispiel für kleinräumige, distanzbasierte Schätzungen ist Wallsten (2001, S. 582). Er schätzt
   in seiner GIS-Anwendung beginnend unter einer amerikanischen Meile. Seine Modellspezifikation (lin-
   lin-Modell) lässt dies explizit zu.

keine Zulieferer verfügt. Somit resultieren $4 \times 3 - 1 = 11$ Schätzungen (vgl. Tabelle 5.3).

Tabelle 5.3: Durchgeführte Schätzungen

	Zulieferer	Arbeitsmarkt	Spillover
Chemie	–	•	•
Metall	•	•	•
EDV	•	•	•
UD	•	•	•

Die Anzahl der vorgelagerten Wirtschaftszweige ist in den einzelnen Aggregaten unterschiedlich. Gemäß der Tabelle 3.3 folgt die Supply-Chain für moderne Werkstoffe in vereinfachter Form der Richtung: Chemie ▶ Metall ▶ EDV ▶ UD. Die Tabelle 5.4 zeigt, welche Branchenaggregate für das Zulieferer-Modell als vorgelagert betrachtet werden. Die unternehmensnahen Dienstleistungen (UD) verfügen über drei vorgelagerte Wertschöpfungsstufen (Chemie, Metall und EDV), das Aggregat EDV über zwei (Chemie und Metall), die Aggregate zu Beginn der Supply-Chain entsprechend über weniger.

Tabelle 5.4: Zulieferverflechtungen zwischen den Branchenaggregaten

		vorgelagerte Branchenaggregate			
		Chemie	Metall	EDV	UD
Aggregat	Chemie				
	Metall	•			
	EDV	•	•		
	UD	•	•	•	

5.2.5 Kontrollvariablen

Bei den Schätzungen fließen gemäß Tabelle 5.1 die summierten Werte der umgebenden Werte in die Modelle ein. Um für die Anzahl von Unternehmen zu kontrollieren, aus welchen sich diese Größe addiert, bringen die sog. Counts ($\sum C(X)_i$) je nach Modell die entsprechende Anzahl für jedes betrachtete Unternehmen in die Berechnungen ein. Die übrigen Kontollvariablen werden ausgewählt, um bei der konzipierten Schätzung von Lokalisationsvorteilen für die Urbanisationsvorteile (siehe Abschnitt 2.3.1) zu kontrollieren.

Tabelle 5.5: Kontrollvariablen

K_i'	Kontrollvariablen
$K1_i$ | Bev	Zahl der Einwohner am Standort des Unternehmens i | Gemeindeebene |Stichtag 31.6.2012| Datenquelle: Bayerisches Landesamt für Statistik und Datenverarbeitung
$K2_i$ | Forschung	Anzahl der Hochschulen und Forschungseinrichtungen innerhalb eines Radius von 40 km um das Unternehmen i | Datenquelle: Eigene Referenzierung nach Daten des Bundesministeriums für Bildung und Forschung
$K3_i$ | Autobahn	Entfernung (in Meter) des Unternehmens i zur nächsten Autobahnauffahrt | Datenquelle: Eigene Berechnung
$K4_i$ | Bahn	Entfernung (in Meter) des Unternehmens i zur nächsten Bahnlinie | Datenquelle: Eigene Berechnung
$K5_i$ | NACE2	Die ersten beiden Ziffern des Wirtschaftszweiges des Unternehmens i | Datenquelle: DAFNE
u_i	Störterm

Die folgenden Anmerkungen vertiefen die Auswahl der Variablen um einige Beispiele für Urabanisation:

$K1$: Die Zahl der Einwohner am Unternehmensstandort ist ein Proxy für die Größe des unternehmerischen Umfeldes. Sie kontrolliert für die Zentralität, also Einrichtungen welche erst ab einer gewissen Stadtgröße typischerweise vorzufinden sind. Dazu zählen etwa Messezentren, Weiterbildungsanbieter, Hotels und weitere kulturelle Einrichtungen.

$K2$: Erfasst die erhöhten Chancen, bei räumlicher Nähe zu Hochschulen und Forschungseinrichtungen, von akademischen Spillovern zu profitieren.

$K3$ & $K4$: Erfassen den Zugang zu hochrangiger Verkehrsinfrastruktur, welcher in Agglomerationen zügiger erfolgen kann.

$K5$: Ermöglicht innerhalb der Aggregate eine feiner ausdifferenzierte Zugehörigkeit zu einer Branche. Beispielsweise die Zugehörigkeit zur Gruppe der Hersteller von Kraftwagen und Kraftwagenteilen [NACE2: 29] innerhalb des Aggregates Metall.

Für die Variable der Gemeindekennziffer (GEMKZ) werden geclusterte Standardfehler angenommen, um für die Lage in einer Stadt oder im ländlichen Raum hervorgerufene Heterogenität zu kontrollieren. Unternehmen in einer Gemeinde oder einer kreisfreien Stadt sind ähnlichen Standortbedingungen unterworfen, daher ist an diesen Orten die Gemeindekennziffer gleich, an unterschiedlichen Orten ist sie verschieden.

5.3 Modell: Zulieferer

Im ersten Modell wird angenommen, dass es sich positiv auf die Erfolgsgröße eines Unternehmens i auswirkt, wenn die Dichte von Unternehmen aus vorgelagerten Wirtschaftszweigen im Umfeld von i hoch ist c.p.. Dichte ist dabei nicht nur als die reine Anzahl von Unternehmen zu interpretieren, sondern es wird auch die wirtschaftliche Stärke über die Summe ihrer erzielten Umsätze mit erfasst. Die Schätzung folgt folgendem Modell:

$$
\begin{aligned}
ln\left(\frac{U_i}{M_i}\right) = {} & \beta_0 + \beta_1 ln\left(\sum UZ40_i\right) + \beta_2 ln\left(\sum UZ56_i\right) \\
& + \beta_3 ln\left(\sum CZ40_i\right) + \beta_4 ln\left(\sum CZ56_i\right) + \gamma K_i' + u_i
\end{aligned}
\tag{5.3}
$$

Tabelle 5.6: Variablenbeschreibung der Schätzung für den Faktor Zulieferer

Variable	Erklärung
U_i	Umsatz des Unternehmens i im Jahr 2011
M_i	Anzahl der Mitarbeiter des Unternehmens i im Jahr 2011
$ln\left(\sum UZ40_i\right)$	Logarithmus der Summe der Umsätze aller umgebenden Unternehmen vorgelagerter Branchenaggregate innerhalb eines Radius von 40 km
$ln\left(\sum UZ56_i\right)$	Logarithmus der Summe der Umsätze aller umgebenden Unternehmen vorgelagerter Branchenaggregate innerhalb des Kreisabschnittes begrenzt durch 40 km als innere und 56 km als äußere Grenze
$ln\left(\sum CZ40_i\right)$	Logarithmus der Anzahl der umgebenden Unternehmen vorgelagerter Branchenaggregate innerhalb eines Radius von 40 km
$ln\left(\sum CZ56_i\right)$	Logarithmus der Anzahl der umgebenden Unternehmen vorgelagerter Branchenaggregate innerhalb des Kreisabschnittes begrenzt durch 40 km als innere und 56 km als äußere Grenze
K_i'	Kontrollvariablen
$K1_i$ | Bev	Zahl der Einwohner am Standort des Unternehmens i (Stichtag 31.6.2012)
$K2_i$ | Forschung	Anzahl der Hochschulen und Forschungseinrichtungen innerhalb eines Radius von 40 km um das Unternehmen i
$K3_i$ | Autobahn	Entfernung (in Meter) des Unternehmens i zur nächsten Autobahnauffahrt
$K4_i$ | Bahn	Entfernung (in Meter) des Unternehmens i zur nächsten Bahnlinie
$K5_i$ | NACE2	Die ersten beiden Ziffern des Wirtschaftszweiges des Unternehmens i
u_i	Störterm

5.4 Modell: Arbeitsmarkt

Im zweiten Modell wird angenommen, dass es sich positiv auf die Erfolgsgröße eines Unternehmens i auswirkt, wenn die Dichte von Mitarbeitern des gleichen Branchenaggregat in anderen Unternehmen im Umfeld von i hoch ist c.p.. Die Schätzung folgt folgendem Modell:

$$ln\left(\frac{U_i}{M_i}\right) = \beta_0 + \beta_1 ln\left(\sum M40_i\right) + \beta_2 ln\left(\sum M56_i\right)$$
$$+\beta_3 ln\left(\sum CA40_i\right) + \beta_4 ln\left(\sum CA56_i\right) + \gamma K_i' + u_i \quad (5.4)$$

Tabelle 5.7: Variablenbeschreibung der Schätzung für den Faktor Arbeitsmarkt

Variable	Erklärung
U_i	Umsatz des Unternehmens i im Jahr 2011
M_i	Anzahl der Mitarbeiter des Unternehmens i im Jahr 2011
$ln\left(\sum M40_i\right)$	Logarithmus der Summe der Mitarbeiter aller umgebenden Unternehmen des gleichen Branchenaggregates innerhalb eines Radius von 40 km
$ln\left(\sum M56_i\right)$	Logarithmus der Summe der Mitarbeiter aller umgebenden Unternehmen des gleichen Branchenaggregates innerhalb des Kreisabschnittes begrenzt durch 40 km als innere und 56 km als äußere Grenze
$ln\left(\sum CA40_i\right)$	Logarithmus der Anzahl der umgebenden Unternehmen des gleichen Branchenaggregates innerhalb eines Radius von 40 km
$ln\left(\sum CA56_i\right)$	Logarithmus der Anzahl der umgebenden Unternehmen des gleichen Branchenaggregates innerhalb des Kreisabschnittes begrenzt durch 40 km als innere und 56 km als äußere Grenze
K_i'	Kontrollvariablen, analog der Schätzgleichung für den Faktor Zulieferer
u_i	Störterm

5.5 Modell: Spillover

Im dritten Modell wird angenommen, dass es zwischen Unternehmen des selben Branchenaggregates zu positiven Übertragungseffekten kommt, sofern räumliche Nähe gegeben ist c.p.. Darunter ist das Wissen über neue Technologien oder veränderte Marktbedingungen zu subsumieren. Diese Wissensexternalitäten fallen für das betrachtete Unternehmen umso stärker aus, je leistungsfähiger seine direkten Unternehmensnachbarn sind.

Die wirtschaftliche Leistungsfähigkeit soll über die Summe der Umsätze von branchengleichen Unternehmen innerhalb eines Radius modelliert werden. Dieses Vorgehen erfordert nun die genaue Diskussion der Schätzgleichung, da in diesem Fall sowohl aufseiten der erklärten als auch der erklärenden Variablen Umsätze angeführt sind. Eine solche Spezifikation könnte einem Endogenitätsproblem unterliegen, somit wären die resultierenden Schätzwerte verzerrt.

Hervorgerufen wird das Endogenitätsproblem durch simultane Kausalität. In der Regel sind Schätzgleichungen so spezifiziert, dass die Wirkungsrichtung von x_i auf y_i verläuft. In diesem konkreten Fall wäre hingegen auch eine umgekehrte Wirkungsrichtung denkbar und insofern problematisch.

$$Y_i = \beta_0 + \beta_1 x_i + \varepsilon_i$$

Zu den gängigsten Reaktionsmöglichkeiten zählt in solchen Fällen die Durchführung einer Instrumentenvariablen-Schätzung (IV-Schätzung). Deren Grundidee besteht darin, die potenziell endogene Variable durch ein Instrument (Z) zu ersetzen. Das Instrument muss zwei Bedingungen erfüllen:

- Das Instrument muss relevant sein. Die Korrelation zwischen Z und der zu ersetzenden Variablen muss von Null verschieden sein. Idealerweise sind relevante Instrumente mit der potenziell endogenen Variablen sogar hochkorreliert.

$$corr(Z_i, x_i) \neq 0$$

- Die zweite Bedingung setzt voraus, dass das Instrument exogen ist. Dies bedeutet, dass keine Korrelation zwischen dem Instrument und dem Störterm vorliegt. Diese Annahme ist nicht rechnerisch zu überprüfen, da die Störterme unbekannt sind. Die Annahme ist über ökonomische Prinzipien herzuleiten und dann als gegeben vorauszusetzen.

$$corr(Z_i, \varepsilon_i) = 0$$

Auswahl eines Instrumentes

Das Ziel der IV-Schätzung ist nun, die gesuchten Spillover-Effekte geeignet zu operationalisieren. In der fortgeführten Logik der bisher dargestellten Modelle[4] wäre dies die Summe der Umsätze, welche von branchengleichen Firmen eines betrachteten Unterneh-

---

[4]Zulieferer und Arbeitsmarkt

mens erzielt werden.

Eine Instrument hierfür könnte die reine Anzahl von branchengleichen Firmen sein, welche ein Unternehmen umgeben. Auf diese Weise kann ein Einfluss der erklärten Variable auf die erklärenden Variablen deutlich besser ausgeschlossen werden.

Ursprüngliche Variable	Instrument
Summe der Umsätze aller umgebenden Unternehmen des gleichen Branchenaggregates	Anzahl der umgebenden Unternehmen des gleichen Branchenaggregates

Gemäß dem Aufbau der vorausgegangen Schätzungen wäre die Schätzgleichung für Spillover zunächst auf folgende Weise spezifiziert:

$$ln\left(\frac{U_i}{M_i}\right) = \beta_0 + \beta_1 ln\left(\sum US40_i\right) + \beta_2 ln\left(\sum US56_i\right) + \gamma K_i' + u_i \qquad (5.5)$$

Die hier verwendeten und nachfolgend noch ergänzte Variablen sind in der Tabelle 5.8 in ihrer ausführlichen Bedeutung wiedergegeben.

Tabelle 5.8: Variablenbeschreibung der Schätzung für den Faktor Spillover

Variable	Erklärung
U_i	Umsatz des Unternehmens i im Jahr 2011
M_i	Anzahl der Mitarbeiter des Unternehmens i im Jahr 2011
$\sum US40_i$	Summe der Umsätze aller umgebenden Unternehmen des gleichen Branchenaggregates innerhalb eines Radius von 40 km
$\sum US56_i$	Summe der Umsätze aller umgebenden Unternehmen des gleichen Branchenaggregates innerhalb des Kreisabschnittes begrenzt durch 40 km als innere und 56 km als äußere Grenze
$\sum CA40_i$	Anzahl der umgebenden Unternehmen des gleichen Branchenaggregates innerhalb eines Radius von 40 km
$\sum CA56_i$	Anzahl der umgebenden Unternehmen des gleichen Branchenaggregates innerhalb des Kreisabschnittes begrenzt durch 40 km als innere und 56 km als äußere Grenze
K_i'	Kontrollvariablen, analog der Schätzgleichung für den Faktor Zulieferer
u_i	Störterm

Die Gleichung 5.5 wird nun mittels der beispielhaft herangezogenen Daten des Aggregates Metall geschätzt. Die nachfolgende Tabelle 5.9 zeigt hierzu zunächst die deskriptiven

Statistiken[5].

Tabelle 5.9: Deskriptive Statistiken der IV-Schätzung

Variable	Mean	Std. Dev.	Min.	Max.	N
lnUjM	4.72	0.597	-3.438	6.146	2292
lnUS40	14.769	0.977	12.284	16.846	2292
lnUS56	14.443	0.957	11.277	16.819	2292
Bev	90562.993	283743.837	523	1388308	2292
Forschung	11.373	15.093	0	45	2292
Autobahn	7626.926	7344.699	42.756	43534.319	2292
Bahn	2324.634	2955.243	9.822	20146.028	2292
Nace2	26.509	1.669	25	30	2292

Die OLS-Schätzung liefert ein Ergebnis, welches für die Operationalisierung der Spillover-Effekte einen signifikant positiven Koeffizienten anzeigt (lnUS40). Der Koeffizient für die zweite Stufe (lnUS56) ist deutlich kleiner und darüber hinaus auch insignifikant (vgl. Tabelle 5.10).

Tabelle 5.10: Schätzergebnis ohne IV-Ansatz

Variable	Coefficient	(Std. Err.)
lnUS40	0.038*	(0.019)
lnUS56	-0.001	(0.014)
Bev	0.000**	(0.000)
Forschung	0.000	(0.001)
Autobahn	0.000	(0.000)
Bahn	0.000	(0.000)
Nace2	0.078**	(0.007)
Intercept	2.137**	(0.301)
N	2292	
R^2	0.054	
$F_{(7,905)}$	21.733	

Die potenziell endogenen Variablen $(\sum US40_i)$ und $(\sum US56_i)$ müssen nun durch ein geeignetes Instrument ersetzt werden. Die reine Anzahl von Unternehmen ist im Radius von 40 km durch die Variable $(\sum CA40_i)$ repräsentiert. In der räumlich weiteren Schätzstufe bis 56 km lautet die Variable mit der vergleichbaren Bedeutung entsprechend $(\sum CA56_i)$.

---

[5]Die Tabellen für deskriptive Statistiken in Kapitel 6 zeigen die ursprünglichen und logarithmierten Variablen.

Es liegt die Vermutung nahe, dass die potenziell endogenen Variablen und diese Variablen für die reine Anzahl von Unternehmen stark positiv miteinander korreliert sind. Denn im Mittelwert wird eine höhere Zahl von Unternehmen stets eine größere Summe von Umsätzen erwirtschaften. Diese beiden Variablen werden im folgenden als Instrument herangezogen (vgl. Tabelle 5.11).

Tabelle 5.11: Wahl der Instrumente

Ursprüngliche Variable	Instrument
$(\sum US40_i)$	$(\sum CA40_i)$
$(\sum US56_i)$	$(\sum CA56_i)$

Um die Relevanz der Instrumente zu prüfen, werden Tests auf Korrelation durchgeführt. In der ersten Stufe (40 km) nimmt die Korrelation von ursprünglicher Variable und Instrument bei insgesamt 2292 Fällen einen Wert von 0.75 an – dies entspricht einem deutlich ausgeprägten Zusammenhang.

corr lnCA40 lnUS40

r= 0.7506

N=2292

Auch in der zweiten Schätzstufe ist die Korrelation bei identischer Fallzahl mit 0.77 gleichermaßen stark ausgeprägt.

corr lnCA56 lnUS56

r= 0.7735

N=2292

Die beiden Schätzstufen werden nun voneinander isoliert. Somit teilt sich die ursprüngliche Gleichung 5.5 in zwei Gleichungen (5.6 und 5.7) auf. Somit kann jeweils eine potenziell endogene Variable durch das jeweils zugehörige Instrument ersetzt werden.

$$ ln\left(\frac{U_i}{M_i}\right) = \beta_0 + \beta_1 ln\left(\sum US40_i\right) + \gamma K_i' + u_i \tag{5.6}$$

$$ ln\left(\frac{U_i}{M_i}\right) = \beta_0 + \beta_1 ln\left(\sum US56_i\right) + \gamma K_i' + u_i \tag{5.7}$$

Die Ergebnisse für die Gleichung 5.6 sind in Tabelle 5.12 wiedergegeben, analog finden sich die Ergebnisse für 5.7 in der Tabelle 5.13. Bei dem direkten Vergleich der beiden Tabellen ist insbesondere die Variable in der jeweils ersten Zeile von Interesse. Es ist zu sehen, dass signifikant positive Spillover-Effekte auf die erste Distanzabstufung beschränkt bleiben.

Tabelle 5.12: Schätzergebnis für Gleichung 5.6

Variable	Coefficient	(Std. Err.)
lnUS40	0.037*	(0.017)
Bev	0.000**	(0.000)
Forschung	0.000	(0.001)
Autobahn	0.000	(0.000)
Bahn	0.000	(0.000)
Nace2	0.078**	(0.007)
Intercept	2.133**	(0.291)
N	2292	
R^2	0.054	
$F_{(6,905)}$	25.347	

Tabelle 5.13: Schätzergebnis für Gleichung 5.7

Variable	Coefficient	(Std. Err.)
lnUS56	0.009	(0.013)
Bev	0.000**	(0.000)
Forschung	0.001	(0.001)
Autobahn	0.000	(0.000)
Bahn	0.000	(0.000)
Nace2	0.078**	(0.007)
Intercept	2.524**	(0.252)
N	2292	
R^2	0.052	
$F_{(6,905)}$	23.463	

Die IV-Schätzung beruht in ihrer Durchführung auf zwei Stufen (Two Stage Least Squares Regression; auch 2SLS). Die Schätzgleichungen der ersten Stufe nehmen die Instrumente auf. Im Nachgang dieser ersten Stufe sind insbesondere die Werte der F-Statistik für die einzelnen Instrumente zu betrachten.

$$F - Wert = \begin{cases} >10 & \text{starkes Instrument} \\ <10 & \text{schwaches Instrument} \end{cases}$$

IV-Schätzung für die Distanz bis 40 km

In Gleichung 5.8 ist die Schätzgleichung für die erste Stufe der 2SLS notiert. Die Tabelle 5.14 zeigt unmittelbar deren Ergebnis.

$$ln\left(\sum US40_i\right) = \beta_0 + \beta_1 ln\left(\sum CA40_i\right) + \gamma K_i' + u_i \qquad (5.8)$$

Tabelle 5.14: Erste Stufe der 2SLS (40 km)

Variable	Coefficient	(Std. Err.)
lnCA40	0.860**	(0.075)
Bev	0.000	(0.000)
Forschung	0.019**	(0.003)
Autobahn	0.000	(0.000)
Bahn	0.000	(0.000)
Nace2	0.016†	(0.009)
Intercept	9.672**	(0.417)
N	2292	
R^2	0.602	
$F_{(6,905)}$	473.098	

Die absolute Anzahl von benachbarten Unternehmen erweist sich als starkes Instrument für Spillover-Effekte, denn das Ergebnis der F-Statistik für die interessierende Variable liegt geringfügig oberhalb von 133.

$$\text{test } lnCA40=0$$

$$F(1, 905) = 133.09$$

$$\text{Prob} >F = 0.0000$$

Das Ergebnis der letztlich durchgeführten IV-Schätzung[6] für die Distanz bis 40 km liefert die in Tabelle 5.15 gezeigten Koeffizienten.

---

[6]STATA: ivreg lnUjM (lnUS40=lnCA40) Bev Forschung Autobahn Bahn Nace2, cluster(GEMKZ)

Tabelle 5.15: Ergebnis der IV-Schätzung (40 km)

Variable	Coefficient	(Std. Err.)
lnUS40	0.029	(0.035)
Bev	0.000**	(0.000)
Forschung	0.000	(0.002)
Autobahn	0.000	(0.000)
Bahn	0.000	(0.000)
Nace2	0.078**	(0.007)
Intercept	2.253**	(0.523)
N	2292	
R^2	0.054	
$F_{(6,905)}$	23.785	

Instrumental variables (2SLS) regression

Instrumented: lnUS40

Instruments: Bev Forschung Autobahn Bahn Nace2 lnCA40

IV-Schätzung für die Distanz zwischen 40 km und 56 km

Die Schätzgleichung in der ersten Stufe der IV-Schätzung für den zweiten Distanzab-schnitt (40-56km) ist in der Gleichung 5.9 dargelegt.

$$ln\left(\sum US56_i\right) = \beta_0 + \beta_1 ln\left(\sum CA56_i\right) + \gamma K_i' + u_i \qquad (5.9)$$

Tabelle 5.16: Erste Stufe der 2SLS (40 - 56 km)

Variable	Coefficient	(Std. Err.)
lnCA56	1.543**	(0.053)
Bev	0.000**	(0.000)
Forschung	-0.015**	(0.002)
Autobahn	0.000	(0.000)
Bahn	0.000†	(0.000)
Nace2	0.004	(0.008)
Intercept	6.773**	(0.337)
N	2292	
R^2	0.648	
$F_{(6,905)}$	178.781	

Das Ergebnis der F-Statistik gibt abermals Auskunft über die „Stärke" der ausgewählten Instrumente. Mit einem Wert von nahezu 861 ist ist die Anzahl der Unternehmen abermals ein starkes Instrument.

$$\text{test } lnCA56 = 0$$

$$F(1, 905) = 860.57$$

$$\text{Prob} > F = 0.0000$$

Das Ergebnis der IV-Schätzung für die zweite Distanzstufe [7] ist in Tabelle 5.17 dargestellt.

Tabelle 5.17: Ergebnis der IV-Schätzung (40 - 56 km)

Variable	Coefficient	(Std. Err.)
lnUS56	-0.001	(0.015)
Bev	0.000**	(0.000)
Forschung	0.001	(0.001)
Autobahn	0.000	(0.000)
Bahn	0.000	(0.000)
Nace2	0.079**	(0.007)
Intercept	2.668**	(0.281)
N	2292	
R^2	0.052	
$F_{(6,905)}$	23.502	

---

[7]STATA: ivreg lnUjM (lnUS56=lnCA56) Bev Forschung Autobahn Bahn Nace2, cluster(GEMKZ)

> Instrumental variables (2SLS) regression

> Instrumented: lnUS56

> Instruments: Bev Forschung Autobahn Bahn Nace2 lnCA56

Diskussion der IV-Schätzung

Die IV-Schätzung hat sich zunächst als brauchbarer Lösungsweg für potenziell endogene Variablen erwiesen. Die eingeführte absolute Anzahl von Unternehmen erweist sich als relevantes und starkes Instrument. Dennoch unterliegen die Ergebnisse der IV-Schätzung einem Nachteil. Trotz der relativ hohen Korrelation mit den potenziell endogenen Variablen scheint viel Information über die die wirtschaftliche Stärke in den durch das GIS berechneten Kreisfiguren verloren zu gehen. Die einstige[8] und im späteren Ergebnisteil in Abschnitt 6.3.3 nachgewiesene Signifikanz kann die IV-Schätzung nicht erfassen. Eine alternative Spezifikation ist daher im nachfolgenden Abschnitt erläutert.

Spezifikation für Spillover

Die finale Spezifikation für Spillover unterscheidet sich von den zuvor eingeführten Modellen für die Zulieferer und den spezialisierten Arbeitsmarkt in ihrem Aufbau. Um ein eventuelles Endogenitätsproblem zu vermeiden, muss die simultane Kausalität bestmöglich ausgeschlossen werden. Dies wird möglich, indem die erklärte Variable und die erklärenden Variablen in ihrem Aufbau unterschiedlich sind.

Die erklärenden Variablen sind so spezifiziert, dass die Summe der erzielten Umsätze durch die Anzahl der Unternehmen geteilt wird, aus welchen sich diese Summe bildet. Die Schätzgleichung 5.10 zeigt diesen Aufbau schematisch. Durch diese Modifikation unterscheiden sich die linke und rechte Seite der Schätzgleichung deutlich voneinander: Während die erklärte Variable der auf die Mitarbeiter normierte Jahresumsatz eines einzelnen Unternehmens ist, repräsentieren die erklärenden Variablen hingegen Durchschnitte, welche sich aus summierten Umsätzen von umgebenden Unternehmen ergeben.

$$ ln\left(\frac{U_i}{M_i}\right) = \beta_0 + \beta_1 ln\left(\frac{\sum US40_i}{\sum CA40_i}\right) + \beta_2 ln\left(\frac{\sum US56_i}{\sum CA56_i}\right) + \gamma K_i' + u_i \qquad (5.10) $$

---

[8]potenziell endogene

Tabelle 5.18: Bestimmung der Ausreißer für den Quotienten [in Tsd. Euro] aus $\frac{U_i}{M_i}$

NACE	n	unteres Quartil (a)	oberes Quartil (b)	b+1,5(b−a)	exkludierte Fälle	von N [in %]
20	530	112	325	644	46	•9%
22	1.074	94	202	364	107	10%
23	962	90	239	463	102	11%
25	4.443	79	157	273	358	8%
26	1.760	93	212	390	178	10%
27	991	91	233	445	79	8%
28	3.015	95	218	403	248	8%
29	408	100	250	475	40	10%
30	174	93	240	461	18	10%
62	4.710	73	180	341	419	9%
7112	3.629	75	200	388	402	11%
721	472	75	217	430	43	9%
$\sum$	22.168				2.040	9%

5.6 Identifikation der Ausreißer

Der Datensatz aus DAFNE ist mit 22.168 Individualdaten von Unternehmen des inneren und äußeren Untersuchungsgebietes sehr mächtig. Es ist naheliegend, dass die Güte der erfassten Daten erheblichen Streuungen unterliegt. Eingabe- und Übertragungsfehler der zugrunde liegenden Jahresabschlüsse können zu drastischen Abweichungen führen.

Die besondere Methodik dieser Arbeit erfordert es, Ausreißer zu eliminieren. Denn in der GIS-Analyse würde ein einzelner falscher Wert auch auf die berechneten Daten der umgebenden Unternehmen „übergehen". Daher müssen diese stark abweichenden Werte identifiziert und im Vorfeld der GIS-Analyse ausgeschlossen werden.

Die Bestimmung der Ausreißer erfolgt anhand der erklärten Variablen, dem Quotienten aus Jahresumsatz und Mitarbeiteranzahl anhand der in Sachs (2004, S. 366) hierzu vorgeschlagenen Berechnungsvorschrift (vgl. Tabelle 5.18). Diese Methode ist für linksschiefe Verteilungen geeignet. In der Mehrzahl der Fälle handelt es sich bei den Ausreißern um Unternehmen, welche mit einer geringen Zahl mit Mitarbeitern extrem hohe Umsätze erwirtschaften.

Abbildung 5.2 zeigt nach den einzelnen NACE-Codes den Median (weißer Querstrich)

Abbildung 5.2: Umsätze je Mitarbeiter nach NACE-Codes (ohne Ausreißer)
            Quelle: Eigene Berechnung und Darstellung

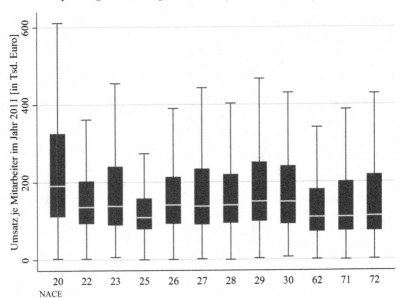

sowie das untere und obere Quartil der erklärten Variable, wobei Ausreißer exkludiert sind.
Jene Werte, welche gerade nicht mehr als Ausreißer gelten, sind durch die verkürzten Quer-
striche (Whisker) markiert. Sie sind identisch mit den neuen Minimal- und Maximalwerten
des nun von Ausreißern bereinigten Datensatzes. In allen Gruppen der NACE-Zweisteller
bewegt sich der Median der erwirtschafteten Umsätze je Mitarbeiter zwischen 100.000
und 200.000 Euro pro Jahr. Der höchste Median ist für den NACE-Code 20 (Herstellung
von chemischen Erzeugnissen) und die geringsten durch die NACE-Codes 25,62,71 und
72 gegeben.

6 Empirischer Befund

Dieses Kapitel zeigt die Ergebnisse der OLS-Schätzungen für die einzelnen Branchenaggregate. Die Wiedergabe erfolgt stets in einer vergleichbaren Form, auf die deskriptiven Statistiken folgen die Schätzergebnisse.

Für drei Aggregate (Metall, EDV und Dienstleister) werden jeweils drei Schätzungen durchgeführt (Zulieferer, Arbeitsmarkt und Spillover). Die einzige Ausnahme einer fehlenden Schätzung ist für die Kombination aus Chemie × Zulieferer gegeben, da die Zulieferer der Chemie im Rahmen der hier betrachteten Supply-Chain nicht enthalten sind.

Die deskriptiven Statistiken geben Auskünfte über den Mittelwert (Mean), die Standardabweichung (Std. Dev.), den Minimal- und Maximalwert sowie die Anzahl der Unternehmen, auf welchen die Schätzung beruht (N). Die drei gebräuchlichen Signifikanzniveaus (vgl. Tabelle 6.1) sind über Symbole in den Regressionstabellen wiedergegeben.

Tabelle 6.1: Symbole in den Schätzergebnissen

Niveau der Signifikanz	Symbol
1-Prozent	**
5-Prozent	*
10-Prozent	†

Dieses Kapitel erfüllt die Aufgabe, die erzielten Ergebnisse objektiv wiederzugeben. Erst im nachfolgenden Kapitel 7 werden die hier dargelegten Schätzergebnisse mit den vorausgegangenen Befunden zur räumlichen Dichte der Branchenaggregate in Relation gesetzt, interpretiert und diskutiert.

6.1 Korrelation zwischen den Schätzstufen

In einer Vielzahl von empirischen Arbeiten zu externen Effekten zeigt sich, dass deren Stärke mit größer werdender Distanz kleiner wird.[1] Um diese „Distanzempfindlichkeit" auch in den eigenen Modellen erfassen zu können, werden die Attribute (Unternehmen oder Mitarbeiter) für die Schätzungen in zwei unmittelbar aneinander angrenzenden Distanzen erfasst (vgl. Abschnitt 5.2.3).[2]

Damit es gerechtfertigt ist, zwei voneinander gänzlich unabhängige Distanzbetrachtungen durchzuführen, sollten diese idealerweise nicht stark miteinander korreliert sein. Denn

---

[1] Eine ausführliche Diskussion hierzu ist in Abschnitt 2.4.2 zu finden.
[2] Dies ist der innere Kreis mit einem Radius von 40 km und der unmittelbar daran angrenzende Kreisring mit einer Breite von 16 km. Beide Figuren verfügen somit über identische Flächeninhalte und würden bei einer Gleichverteilung von Unternehmen im Raum immer gleich viele Unternehmen enthalten.

würde auf ein wirtschaftlich starkes Umfeld im Radius 40 km ganz zwangsläufig auch ein starkes im Abschnitt 40-56 km folgen, wäre eine getrennte Betrachtung nicht zwingend notwendig.

Die nachfolgenden Ausführungen zeigen, wie stark die Attribute aus dieser ersten und der zweiten Schätzstufe miteinander zusammenhängen. Diese Korrelationen werden mit den Daten der ökonometrischen Schätzungen berechnet. Dies sind die um Ausreißer bereinigte Unternehmensdaten aus dem inneren Untersuchungsgebiet.

Anhand eines Beispiels soll die Logik der tabellarischen Zusammenstellung 6.2 erläutert werden. In der ersten Zeile sind die Branchenaggregate aufgeführt. In der ersten Spalte sind die einzelnen Faktoren der externen Effekte aufgetragen. Beispielhaft lässt sich die Kombination aus dem Aggregat Metall und dem Faktor Arbeitsmarkt[3] betrachten. Abseits ihrer Logarithmierung lauten die beiden zentralen Variablen für den Arbeitsmarkt wie folgt:

$\sum M40_i$: Summe der Mitarbeiter aller umgebenden Unternehmen des gleichen Branchenaggregates innerhalb eines Radius von 40 km

$\sum M56_i$: Summe der Mitarbeiter aller umgebenden Unternehmen des gleichen Branchenaggregates innerhalb des Kreisabschnittes begrenzt durch 40 km als innere und 56 km als äußere Grenze

Um bei dem hier erläuterten Beispiel zu bleiben, stellt sich nun die Frage, ob die die Ergebnisse der ersten Stufe mit jener der zweiten Stufe zusammenhängen: Eine sehr hohe Korrelation würde sich ergeben, falls metallverarbeitende Unternehmen mit sehr vielen branchenspezifisch ausgebildeten Fachkräften in der ersten Stufe, auch stets über eine hohe Anzahl in der zweiten Stufe verfügen würden, und umgekehrt.

Dieser Zusammenhang ist jedoch empirisch nicht zu beobachten: Im Ergebnis ergibt sich im Aggregat Metall für den Faktor Arbeitsmarkt[4] eine sehr geringe Korrelation, sie beläuft sich auf lediglich 0,05. Dies bedeutet, die Ergebnisse aus der ersten Stufe in keinem Zusammenhang mit jenen der zweiten Stufe stehen – somit ist es stets sinnvoll, beide Stufen zu betrachten, da von der einen nicht auf die andere geschlossen werden kann.

Die im Betrag stärkste Korrelation zwischen erster und zweiter Stufe besteht unter allen elf Kombinationen im Faktor Spillover in der Chemiebranche. Doch auch dieses Maximum

---

[3]Zum Arbeitsmarkt lässt sich in der Tabelle 5.7 nachvollziehen, auf welche Weise dieser Faktor operationalisiert ist.
[4]Beruht in diesem konkreten Fall auf der Berechnung von 2.229 Datenpaaren

in Höhe von -0,33 kommt lediglich einer schwachen Korrelationen gleich.

Tabelle 6.2: Korrelation zwischen den Werten aus der ersten und zweiten Schätzstufe; Werte des inneren Untersuchungsgebietes

	Chemie	Metall	EDV	UD
Zulieferer	–	-0,1377	-0,1358	-0,2310
Arbeitsmarkt	-0,1455	0,0503	-0,1270	-0,2168
Spillover	-0.3304	-0.0316	-0.2267	-0.0530

6.2 Schätzergebnisse für das Aggregat Chemie

Das Aggregat Chemie bildet den Ausgangspunkt in der Supply-Chain für Hochleistungswerkstoffe. Wie erwähnt und auch in Tabelle 5.4 dargestellt, verfügt das Aggregat Chemie über keine vorgelagerten Wirtschaftszweige im Rahmen dieser Betrachtung. Die erste Schätzung für das Aggregat Chemie ist somit jene des spezialisierten Arbeitsmarktes.

6.2.1 Chemie: Arbeitsmarkt

Die Schätzergebnisse für die Chemiebranche stützen sich auf 906 Unternehmen. Ihr durchschnittlich erzielter Jahresumsatz je Mitarbeiter erreicht die Größenordnung von 156.000 Euro. Unter den vier Branchenaggregaten ist dies der absolute Spitzenwert, beispielsweise erreichen die später betrachteten Dienstleistungen im Mittel nur 80 Prozent dieses Vergleichswertes.

In der ersten Schätzstufe (M40) sind um ein Unternehmen der Chemie durchschnittlich 8.600 Beschäftigte aus den gleichen Wirtschaftszweigen tätig, wobei es im Minimum lediglich 157 und im Maximum bei der höchsten räumlichen Verdichtung rund 26.000 sind. In der zweiten, identisch groß konzipierten Schätzstufe (M56) sinkt die durchschnittliche Beschäftigtenzahl bereits deutlich um ca. 3.000 Beschäftigte auf 5.600 ab.

Dieses Muster ist auch für die Anzahl von benachbarten Unternehmen zu beobachten, in der ersten Distanzstufe (CA40) sind es durchschnittlich 80 und in der zweiten nur noch 60 (siehe CA56).

Die Kontrollvariable Bevölkerung (Bev) zeigt erwartungsgemäß eine enorm große Streuung. Innerhalb des Datensatzes hat ein Unternehmen seinen Standort in Oberickelsheim in Mittelfranken (699 Einwohner, Minimum) und etliche ihren in der Landeshauptstadt München (Maximum).

Um ein Unternehmen des Aggregates Chemie sind im Radius von 40 km durchschnittlich zehn Hochschulen und Forschungseinrichtungen lokalisiert (Forschung). Dies sind in peripheren Lagen jedoch gar keine und im Maximum der höchsten räumlichen Verdichtung genau 45.

Die durchschnittliche Entfernung zur nächsten Autobahnauffahrt beträgt für diese Unternehmen rund 8200 Meter, bei einer beachtlichen Spannweite: Während im Minimum lediglich rund 90 Meter zurückgelegt werden müssen, sind es für das maximal weit entfernteste Unternehmen 44 km. Das Schienennetz[5] erreicht die Chemieunternehmen besser – im Maximum müssen hier nur 27 km zurückgelegt werden (vgl. Tabelle 6.3).

Tabelle 6.3: Deskriptive Statistiken – Chemie: Arbeitsmarkt

Variable	Mean	Std. Dev.	Min.	Max.	N
UjM	155.823	96.033	2.5	600.061	906
lnUjM	4.868	0.633	0.916	6.397	906
M40	8588.594	7300.738	157	26013	906
M56	5577.349	6637.832	414	67793	906
lnM40	8.708	0.863	5.056	10.166	906
lnM56	8.243	0.831	6.026	11.124	906
CA40	79.677	41.961	5	183	906
CA56	59.747	27.479	6	140	906
lnCA40	4.223	0.587	1.609	5.209	906
lnCA56	3.968	0.524	1.792	4.942	906
Bev	85099.767	281408.853	699	1388308	906
Forschung	10.268	14.549	0	45	906
Autobahn	8195.527	7540.017	92.004	43723.246	906
Bahn	2180.255	3037.681	25.214	26800.325	906
Nace2	21.946	1.141	20	23	906

Diese genannten Variablen mit ihren Verteilungen sind der Versuch, ein unternehmerisches Umfeld möglichst exakt zu modellieren. Gemäß der Gleichung 5.4 sind sie die erklärenden Variablen einer Regression.

Die Grundfrage in dieser Schätzkombination ist, ob für ein Unternehmen der Chemie durch den spezialisierten Arbeitsmarkt in seiner Umgebung monetär messbare Vorteile entstehen. Aufgrund der Ergebnisse der Regression ist die Vermutung zu verneinen, denn die Koeffizienten für die Wirkung von branchenspezifisch ausgebildeten Arbeitnehmern sind negativ. Dies ist gemäß der Annahme unerwartet – eine Interpretation und Erklärung hierzu erfolgt in Kapitel 7.1.

Die Tabelle 6.4 zeigt die Ergebnisse der Schätzung. Die beiden zentralen Variablen (lnM40 & lnM56) sind negativ und auf dem Niveau von 10% signifikant.

---

[5] Ist eine Distanzangabe zum nächstgelegenen Streckenpunkt.

Tabelle 6.4: Schätzergebnisse – Chemie: Arbeitsmarkt
(Std. Err. adjusted for 501 clusters in GEMKZ)

Variable	Coefficient	(Std. Err.)
lnM40	-0.094[†]	(0.049)
lnM56	-0.074[†]	(0.042)
lnCA40	0.050	(0.077)
lnCA56	0.094	(0.064)
Bev	0.000	(0.000)
Forschung	0.002	(0.002)
Autobahn	0.000[†]	(0.000)
Bahn	0.000	(0.000)
Nace2	-0.076**	(0.021)
Intercept	7.413**	(0.624)
N	906	
R^2	0.036	
$F_{(9,500)}$	4.137	

6.2.2 Chemie: Spillover

Die letzte verbleibende Kombination für das Aggregat Chemie ist die Betrachtung und Schätzung der Spillover. Wie in Kapitel 5 erläutert werden Spillover über das Verhältnis aus erzielten Umsätzen und benachbarten Unternehmen approximiert. Dem Vorgehen liegt die Annahme zu Grunde, dass eine hohe wirtschaftliche Stärke mit zahlreichen Austauschbeziehungen in Bezug auf Informationen positiv korreliert ist.

Die Tabelle 6.5 gibt einen Überblick über die verwendeten Variablen und kleinere Indizien über deren Verteilung. Die im Kern wichtigen Variablen dieser Schätzung sind US40_CA40 und US56_CA56. Sie dienen als Proxy für die wirtschaftliche Stärke in den kreisrunden Figuren. Die Variable US40_CA40 besteht aus den summierten Umsätzen im Zähler und der Anzahl der benachbarten Unternehmen im Nenner.

Dieses Verhältnis wird für jedes Unternehmen für den Radius von 40 km und analog auch für den Radius 40 bis 56 km (US56_CA56) gebildet.

Tabelle 6.5: Deskriptive Statistiken – Chemie: Spillover

Variable	Mean	Std. Dev.	Min.	Max.	N
UjM	155.823	96.033	2.5	600.061	906
lnUjM	4.868	0.633	0.916	6.397	906
US40_CA40	20395.748	13517.304	1231.7	75492	906
US56_CA56	18305.97	18524.347	1615.222	126585.203	906
lnUS40_CA40	9.722	0.641	7.116	11.232	906
lnUS56_CA56	9.509	0.734	7.387	11.749	906
Bev	85099.767	281408.853	699	1388308	906
Forschung	10.268	14.549	0	45	906
Autobahn	8195.527	7540.017	92.004	43723.246	906
Bahn	2180.255	3037.681	25.214	26800.325	906
Nace2	21.946	1.141	20	23	906

Die Tabelle 6.6 zeigt die Schätzergebnisse für die Kombination Chemiebranche und Spillover. Die im Wesentlichen interessieren Variablen (lnUS40_CA40 & lnUS56_CA56) sind negativ und insignifikant. Einzig die Kontrollvariable der Autobahn ist noch auf dem 10-Prozent-Niveau signifikant.

Tabelle 6.6: Schätzergebnisse – Chemie: Spillover
(Std. Err. adjusted for 501 clusters in GEMKZ)

Variable	Coefficient	(Std. Err.)
lnUS40_CA40	-0.034	(0.044)
lnUS56_CA56	-0.033	(0.038)
Bev	0.000	(0.000)
Forschung	0.001	(0.002)
Autobahn	0.000[†]	(0.000)
Bahn	0.000	(0.000)
Nace2	-0.078**	(0.021)
Intercept	7.264**	(0.759)
N	906	
R^2	0.029	
$F_{(7,500)}$	4.307	

In beiden Schätzungen des Aggregates Chemie (Arbeitsmarkt und Spillover) treten in den zentralen Variablen keine positiven Koeffizienten zu Tage. Der Abschnitt 7.1 wird später durch die Verknüpfung mit den deskriptiven Ergebnissen eine Interpretation hierzu leisten.

6.3 Schätzergebnisse für das Aggregat Metall

Für das Aggregat Metall kann eine vollständige Schätzung in allen drei Dimensionen (Zulieferer, Arbeitsmarkt und Spillover) vorgenommen werden, da es gemäß der konstruierten Supply-Chain über vorgelagerte Wirtschaftszweige verfügt.

Die Schätzungen für die Unternehmen des Aggregates Metall beruhen auf 2.292 Unternehmen aus dem inneren Untersuchungsgebiet. Deren durchschnittlich erzielter Jahresumsatz je Mitarbeiter liegt bei 130.000 Euro.

6.3.1 Metall: Zulieferer

Bezogen auf die Herstellung von Hochleistungswerkstoffen entstammen die Zulieferer für das Aggregat Metall dem Aggregat Chemie (vgl. hierzu Tabelle 5.4). Diese beliefern die Unternehmen des Aggregates Metall mit chemischen Ausgangsprodukten wie Fasern oder Harzen. Die Unternehmen des Aggregates Metall sind jene Hersteller, welche aus den chemischen Grundprodukte die Bauteile für den Fahrzeug- und Luftfahrzeugbau herstellen.

Die Annahme hinter dieser Schätzung für den Faktor Zulieferer ist, dass eine hohe räumliche Dichte von Chemieunternehmen eine monetäre Erfolgsgröße in den metallverarbeitenden Unternehmen positiv beeinflusst. Modelliert wird diese Dichte über die Summe der Umsätze, welche in den kreisrunden Figuren erzielt werden.

Die interessierenden Variablen enthalten nun ein additives **Z**, etwa in USZ40. Diese Variable bezeichnet die summierten Umsätze aller Unternehmen des Aggregates Chemie im Umfeld von 40 km um jedes bayerische Unternehmen des Aggregates Metall.

Die bayernweite Schätzung für dieses Teilsample beruht auf einer Fallzahl von 2.292 Unternehmen. In der ersten Schätzstufe liegt die Summe der erzielten Umsätze der Zulieferer im Minimum bei 14,3 Millionen und im Maximum bei etwas über 7 Milliarden Euro – der Mittelwert dieser linksschiefen Verteilung beläuft sich auf rund 2 Milliarden Euro. Die zugehörige Zahl von Zulieferern, welche diese Umsätze erzielen (CZ40), beläuft sich im Minimum auf sechs und auf 186 im Falle der stärksten räumlichen Konzentration (vgl. Tabelle 6.7).

Tabelle 6.7: Deskriptive Statistiken – Metall: Zulieferer

Variable	Mean	Std. Dev.	Min.	Max.	N
UjM	129.876	70.202	0.032	466.667	2292
lnUjM	4.72	0.597	-3.438	6.146	2292
USZ40	2026029.613	2183552.714	14317	7014629	2292
USZ56	1194535.851	1662229.224	27504	15674605	2292
lnUSZ40	13.998	1.023	9.569	15.764	2292
lnUSZ56	13.495	0.935	10.222	16.568	2292
CZ40	81.328	43.104	6	186	2292
CZ56	61.495	28.585	6	152	2292
lnCZ40	4.241	0.592	1.792	5.226	2292
lnCZ56	3.991	0.537	1.792	5.024	2292
Bev	90562.993	283743.837	523	1388308	2292
Forschung	11.373	15.093	0	45	2292
Autobahn	7626.926	7344.699	42.756	43534.319	2292
Bahn	2324.634	2955.243	9.822	20146.028	2292
Nace2	26.509	1.669	25	30	2292

Im Schätzergebnis zeigt die Präsenz von Zulieferern im Aggregat Metall keine umsatzrelevante Verbesserung an – die Koeffizienten sind distanzempfindlich (lnUSZ40 ist im Betrag größer als lnUSZ56) jedoch unerwartet negativ: Die unternehmerische Erfolgsgröße im Aggregat Metall ist nicht durch die physische Präsenz von Zulieferern der Chemie in einem engen räumlichen Umgriff determiniert (vgl. Tabelle 6.8).

Tabelle 6.8: Schätzergebnisse – Metall: Zulieferer
(Std. Err. adjusted for 906 clusters in GEMKZ)

Variable	Coefficient	(Std. Err.)
lnUSZ40	-0.039	(0.033)
lnUSZ56	-0.004	(0.019)
lnCZ40	0.014	(0.039)
lnCZ56	-0.013	(0.037)
Bev	0.000**	(0.000)
Forschung	0.003*	(0.002)
Autobahn	0.000	(0.000)
Bahn	0.000	(0.000)
Nace2	0.079**	(0.007)
Intercept	3.209**	(0.495)
N	2292	
R^2	0.054	
$F_{(9,905)}$	16.136	

6.3.2 Metall: Arbeitsmarkt

Die Tabelle 6.9 zeigt die Statistiken zu den Variablen für den nun betrachteten Faktor Arbeitsmarkt im Aggregat Metall. Beispielsweise profitiert das Unternehmen in der maximalen räumlichen Verdichtung im Umgriff von 40 km von einem Arbeitskräftepotenzial von 88.391 Beschäftigten aus metallverarbeitenden Wirtschaftszweigen (M40). Im Minimum sind es hingegen nur 1.316 Beschäftigte (M40). Die maximale Anzahl benachbarter Unternehmen der gleichen Ausrichtung ist mit 488 (CA40) gegenüber dem Aggregat Chemie deutlich erhöht – jedoch ist auch die Größe des Samples deutlich größer. Die Verhältnisse aus maximaler Anzahl benachbarter Unternehmen und Samplegröße sind indes relativ ähnlich:

$$\frac{max\ CA40_{Chemie}}{N_{Chemie}} = \frac{183}{906} \approx 0,20$$

$$\frac{max\ CA40_{Metall}}{N_{Metall}} = \frac{488}{2.292} \approx 0,21$$

Tabelle 6.9: Deskriptive Statistiken – Metall: Arbeitsmarkt

Variable	Mean	Std. Dev.	Min.	Max.	N
UjM	129.876	70.202	0.032	466.667	2292
lnUjM	4.72	0.597	-3.438	6.146	2292
M40	19761.878	16642.966	1316	88391	2292
M56	14260.392	12408.183	571	89056	2292
lnM40	9.535	0.874	7.182	11.39	2292
lnM56	9.234	0.832	6.347	11.397	2292
CA40	215.462	121.194	22	488	2292
CA56	160.828	73.812	18	450	2292
lnCA40	5.203	0.604	3.091	6.19	2292
lnCA56	4.957	0.527	2.89	6.109	2292
Bev	90562.993	283743.837	523	1388308	2292
Forschung	11.373	15.093	0	45	2292
Autobahn	7626.926	7344.699	42.756	43534.319	2292
Bahn	2324.634	2955.243	9.822	20146.028	2292
Nace2	26.509	1.669	25	30	2292

Die nachfolgende Schätzung untersucht die Präsenz von Mitarbeitern im Aggregat Metall. Das Ergebnis ist in der ersten Distanzabstufung signifikant (auf dem 5-Prozent-Niveau) und wie erwartet positiv ausgeprägt. Die Stärke des Effektes ist distanzempfindlich, denn in der zweiten Distanzabstufung wird der Effekt um den Faktor 2,3 kleiner und darüber hinaus auch insignifikant. Die Bevölkerungszahl (Bev) als ein Proxy für Urbanisationsvorteile ist in hohem Maße signifikant (1-Prozent-Niveau).

Der F-Wert des Modells liegt mit 18,3 weitaus höher als in der analogen Schätzung für das Aggregat Chemie. Mit dem Modell kann etwa knapp 6% der Gesamtvariation aus Umsätzen je Mitarbeiter im Aggregat Metall erklärt werden, welche rein auf das räumliche Setting zurückzuführen sind. Diese zunächst gering erscheinende Größe ist indes für ökonometrische Verfahren in einem räumlichen Kontext durchaus typisch (Mitra, 1999, S. 498). Diese 2.292 bayerischen Unternehmen sind in 906 verschiedenen Standorten auf Ebene der Gemeinden angesiedelt sind (vgl. Tabelle 6.10).

Tabelle 6.10: Schätzergebnisse – Metall: Arbeitsmarkt
(Std. Err. adjusted for 906 clusters in GEMKZ)

Variable	Coefficient	(Std. Err.)
lnM40	0.051*	(0.025)
lnM56	0.022	(0.024)
lnCA40	0.002	(0.036)
lnCA56	-0.058	(0.038)
Bev	0.000**	(0.000)
Forschung	0.000	(0.001)
Autobahn	0.000	(0.000)
Bahn	0.000	(0.000)
Nace2	0.078**	(0.007)
Intercept	2.259**	(0.259)
N	2292	
R^2	0.055	
$F_{(9,905)}$	18.136	

6.3.3 Metall: Spillover

Die nachfolgende Tabelle 6.11 gibt einen Überblick über die Variablen der Schätzung für den Faktor der Spillover im Aggregat Metall.

Tabelle 6.11: Deskriptive Statistiken – Metall: Spillover

Variable	Mean	Std. Dev.	Min.	Max.	N
UjM	129.876	70.202	0.032	466.667	2292
lnUjM	4.72	0.597	-3.438	6.146	2292
US40_CA40	18326.086	18930.314	3296.94	182801.953	2292
US56_CA56	16447.991	14205.047	2401.433	192420.281	2292
lnUS40_CA40	9.566	0.659	8.101	12.116	2292
lnUS56_CA56	9.486	0.643	7.784	12.167	2292
Bev	90562.993	283743.837	523	1388308	2292
Forschung	11.373	15.093	0	45	2292
Autobahn	7626.926	7344.699	42.756	43534.319	2292
Bahn	2324.634	2955.243	9.822	20146.028	2292
Nace2	26.509	1.669	25	30	2292

In der ersten Schätzstufe von 40 km sind Spillover nachweisbar, positiv wirksam und auf dem 10-Prozent-Niveau signifikant. Die in der Literatur erwähnte Distanzempfindlichkeit von Spillovern tritt sehr deutlich hervor, ihr Effekt wirkt nur in der ersten Schätzstufe, weiter entfernt sind sie im Betrag geringer und verlieren überdies die Signifikanz. Ihre Stärke hat sich von 0.036 auf insignifikante 0.017 mehr als halbiert (vgl. Tabelle 6.12).

Tabelle 6.12: Schätzergebnisse – Metall: Spillover
(Std. Err. adjusted for 906 clusters in GEMKZ)

Variable	Coefficient	(Std. Err.)
lnUS40_CA40	0.036[†]	(0.021)
lnUS56_CA56	0.017	(0.019)
Bev	0.000**	(0.000)
Forschung	0.001	(0.001)
Autobahn	0.000	(0.000)
Bahn	0.000	(0.000)
Nace2	0.078**	(0.007)
Intercept	2.174**	(0.276)
N		2292
R^2		0.054
$F_{(7,905)}$		21.479

Das Aggregat Metall ist in dieser Analyse von großer Bedeutung, denn es subsumiert rein quantitativ eine hohe Zahl von Unternehmen, welche gleichzeitig eine hohe Zahl von Mitarbeitern beschäftigen (vgl. Tabelle 3.6 sowie Tabelle 3.7).

Im Ergebnis wird deutlich, dass der Faktor Arbeitsmarkt – d.h. die Dichte von ausgebildeten Fachkräften mit branchentypischen Qualifikationen (beispielsweise Mechaniker, Werkzeugmacher und Montierer) den stärksten monetär messbaren Effekt generiert.

Die vorgelagerten Wirtschaftszweige der Chemie entfalten diese Effekte für die Unternehmen der Metallbranche ausdrücklich nicht.

6.4 Schätzergebnisse für das Aggregat EDV

Das industrielle Aggregat EDV besteht aus zwei Wirtschaftszweigen nach der NACE-Klassifikation auf Ebene der Zweisteller (Herstellung von Datenverarbeitungsendgeräten [26] sowie Herstellung von elektrischen Ausrüstungen [27]). Die Unternehmen aus diesen beiden Wirtschaftszweigen ergänzen die Produkte der vorgelagerten Aggregate Chemie und Metall um elektronische Bauteile und komplettieren diese zu mechatronischen Systemen. Die Schätzungen im Aggregat EDV beruhen auf insgesamt 914 Unternehmen innerhalb des inneren Untersuchungsgebietes.

6.4.1 EDV: Zulieferer

Das Aggregat EDV verfügt durch seine Position in der Supply-Chain über relativ viele potenzielle Zulieferer. Als vorgelagerten Firmen für das Aggregat EDV gelten insgesamt 3.198 Unternehmen ($N_{Chemie}+N_{Metall}$). Im Mittel befinden sich um ein Unternehmen

aus dem Aggregat EDV rund 375 Zulieferer innerhalb eines Radius von 40 km (CZ40).
Das Aggregat EDV zeigt eine im Mittelwert stärkere räumliche Bindung zu Hochschulen
und Forschungseinrichtungen als das Aggregat Metall ($\overline{Forschung}_{Metall}=$ 11 gegenüber
$\overline{Forschung}_{EDV}=$ 20). Die Tabelle 6.13 präsentiert die übrigen deskriptiven Statistiken
für diese Schätzkombination.

Tabelle 6.13: Deskriptive Statistiken – EDV: Zulieferer

Variable	Mean	Std. Dev.	Min.	Max.	N
UjM	150.899	83.698	0.5	434.783	914
lnUjM	4.853	0.62	-0.693	6.075	914
USZ40	8606570.578	6525218.605	247482	21659522	914
USZ56	4095898.301	3320948.326	85278	22549660	914
lnUSZ40	15.569	0.985	12.419	16.891	914
lnUSZ56	14.908	0.827	11.354	16.931	914
CZ40	374.989	180.848	33	666	914
CZ56	241.512	94.900	26	512	914
lnCZ40	5.78	0.585	3.497	6.501	914
lnCZ56	5.39	0.476	3.258	6.238	914
Bev	217163.989	465260.591	738	1388308	914
Forschung	19.934	18.379	1	45	884
Autobahn	5744.708	6308.208	52.704	43588.41	914
Bahn	1788.588	2377.174	9.822	20646.514	914
Nace2	26.368	0.482	26	27	914

Die Tabelle 6.14 zeigt die Schätzergebnisse für das Präsenz von Zulieferern im Umfeld
der Unternehmen aus dem Aggregat EDV. Im Ergebnis sind Effekte durch die Präsenz von
Zulieferern erkennbar, denn die Koeffizienten sind positiv. Die Größe der Koeffizienten

$$lnUSZ56 > lnUSZ40$$

zeigt, dass die Effekte für dieses Aggregat nicht empfindlich für größer werdende Distanzen sind. Dies wird auch durch die Tatsache unterstrichen, dass die Koeffizienten nicht
in der engeren Abstufung, sondern vielmehr in der Weiteren auf dem 5-Prozent-Niveau
signifikant sind.

Tabelle 6.14: Schätzergebnisse – EDV: Zulieferer
(Std. Err. adjusted for 405 clusters in GEMKZ)

Variable	Coefficient	(Std. Err.)
lnUSZ40	0.021	(0.047)
lnUSZ56	0.135*	(0.062)
lnCZ40	0.062	(0.098)
lnCZ56	-0.224[†]	(0.122)
Bev	0.000	(0.000)
Forschung	0.003	(0.003)
Autobahn	0.000	(0.000)
Bahn	0.000	(0.000)
Nace2	0.114**	(0.042)
Intercept	0.331	(1.507)
N	884	
R^2	0.026	
$F_{(9,404)}$	2.396	

6.4.2 EDV: Arbeitsmarkt

Tabelle 6.15 zeigt die deskriptiven Statistiken zur Schätzung für den Faktor Arbeitsmarkt im Aggregat EDV. Die Spannweite der ermittelten Werte für die erste Schätzstufe ist abermals immens: Im Minimum fließen lediglich 100 Mitarbeiter und im Maximum über 170.000 in die Berechnungen ein (M40). In Bezug auf die Unternehmen sind es im Minimum zwei und in der höchsten Ausprägung 360 Unternehmen (CA40).

Tabelle 6.15: Deskriptive Statstiken – EDV: Arbeitsmarkt

Variable	Mean	Std. Dev.	Min.	Max.	N
UjM	150.899	83.698	0.5	434.783	914
lnUjM	4.853	0.62	-0.693	6.075	914
M40	58119.457	62471.125	100	171603	914
M56	16285.056	31836.849	64	174516	914
lnM40	9.817	1.805	4.605	12.053	914
lnM56	8.603	1.353	4.159	12.07	914
CA40	169.67	134.565	2	360	914
CA56	80.063	52.552	3	254	914
lnCA40	4.697	1.034	0.693	5.886	914
lnCA56	4.142	0.748	1.099	5.537	914
Bev	217163.989	465260.591	738	1388308	914
Forschung	19.934	18.379	1	45	884
Autobahn	5744.708	6308.208	52.704	43588.41	914
Bahn	1788.588	2377.174	9.822	20646.514	914
Nace2	26.368	0.482	26	27	914

Im Ergebnis wird deutlich, dass ein qualifiziertes Umfeld (etwa eine hohe Zahl von ausgebildeten Elektronikern) für dieses Aggregat keine eindeutig positiven Effekte hervorruft. In beiden Distanzstufen sind die Effekte nicht signifikant (vgl. Tabelle 6.16).

Tabelle 6.16: Schätzergebnisse – EDV: Arbeitsmarkt
(Std. Err. adjusted for 405 clusters in GEMKZ)

Variable	Coefficient	(Std. Err.)
lnM40	-0.008	(0.032)
lnM56	0.036	(0.025)
lnCA40	0.073	(0.085)
lnCA56	-0.056	(0.075)
Bev	0.000	(0.000)
Forschung	0.001	(0.004)
Autobahn	0.000	(0.000)
Bahn	0.000	(0.000)
Nace2	0.111**	(0.042)
Intercept	1.596	(1.152)
N	884	
R^2	0.021	
$F_{(9,404)}$	2.413	

6.4.3 EDV: Spillover

Die letzte Schätzung im Aggregat EDV ist jene für den Faktor der Spillover. Im Kern ist dies die als förderlich angenommene Präsenz von anderen Unternehmen aus den beiden Wirtschaftszweigen 26 und 27. Die nachfolgende Tabelle 6.17 zeigt hierzu die deskriptiven Statistiken.

Tabelle 6.17: Deskriptive Statistiken – EDV: Spillover

Variable	Mean	Std. Dev.	Min.	Max.	N
UjM	150.899	83.698	0.5	434.783	914
lnUjM	4.853	0.62	-0.693	6.075	914
US40_CA40	41171.172	32666.654	1707.467	162890.234	914
US56_CA56	24114.774	34308.289	1018.889	199500.578	914
lnUS40_CA40	10.196	1.007	7.443	12.001	914
lnUS56_CA56	9.536	0.919	6.926	12.204	914
Bev	217163.989	465260.591	738	1388308	914
Forschung	19.934	18.379	1	45	884
Autobahn	5744.708	6308.208	52.704	43588.41	914
Bahn	1788.588	2377.174	9.822	20646.514	914
Nace2	26.368	0.482	26	27	914

Im Schätzergebnis zeigt sich, dass Spillover nach der hier angewandten Definition keinen signifikanten Effekt auf die unternehmerische Erfolgsgröße der EDV-Unternehmen ausüben (vgl. Tabelle 6.18). Die Kontrollvariable Forschung zeigt einen positiven Effekt, welcher auf dem 5-Prozent-Niveau signifikant ist.

Tabelle 6.18: Schätzergebnisse – EDV: Spillover
(Std. Err. adjusted for 405 clusters in GEMKZ)

Variable	Coefficient	(Std. Err.)
lnUS40_CA40	-0.024	(0.038)
lnUS56_CA56	0.031	(0.025)
Bev	0.000	(0.000)
Forschung	0.005*	(0.002)
Autobahn	0.000	(0.000)
Bahn	0.000	(0.000)
Nace2	0.106*	(0.041)
Intercept	1.965	(1.228)
N	884	
R^2	0.019	
$F_{(7,404)}$	2.77	

6.5 Schätzergebnisse für das Aggregat der unternehmensnahen Dienstleistungen

Der letzte Abschnitt dieses Kapitels zeigt die Ergebnisse für die unternehmensnahen Dienstleistungen (UD), dem einzigen nicht der Industrie zugehörigen Branchenaggregat. Wie zuvor werden die Ergebnisse deskriptiv ohne tiefgreifende Interpretationen vorgestellt.

6.5.1 Unternehmensnahe Dienstleistungen: Zulieferer

Die Überschrift dieses Unterkapitels ist für die Dienstleistungen aus Gründen der Konsistenz so gewählt. Bei einer sehr grundsätzlichen Betrachtung sind die Agregate Chemie, Metall und EDV für die unternehmensnahen Dienstleistungen keine Zulieferer, deren Produkte hier weiterverarbeitet werden.

Das Aggregat UD besteht aus Ingeniuerbüros und privatwirtschaftlichen Forschungslabors, welche den Unternehmen der Industrie ihre Beratungen und Serviceleistungen anbieten. Sie sind somit die einzigen Wirtschaftszweige in dieser Betrachtung, auf welche die Merkmale der klassischen Industrieproduktion, wie etwa die Serienfertigung in zeitlicher Regelhaftigkeit, nicht zutreffen.

Gemäß den Analysen in Kapitel 4.4 ist das Aggregat der unternehmensnahen Dienstleistungen stark räumlich konzentriert, typische Standorte für diese Branche sind die urbanen Zentren.

Das Aggregat UD verfügt über die größte Teilstichprobe – mit 3.455 um Ausreißer bereinigte Dienstleister aus Bayern ist das Aggregat nahezu vier Mal größer als das Aggregat

Chemie.

Die Tabelle 6.19 zeigt die deskriptiven Statistiken zu der ersten Schätzung, welche die räumliche Dichte der Industrieunternehmen (Chemie, Metall und EDV) in der unmittelbaren Umgebung der betrachteten Dienstleister untersucht. Die Industrieunternehmen sind räumlich so verteilt, dass im Minimum lediglich 36 um einen Dienstleister in der ersten Schätzstufe lokalisiert sind. Im Maximum sind es nicht weniger als 1033 (CZ40). Die Kontrollvariable Bevölkerung (Bev) zeigt die gesamte Spannbreite von einer kleinen Gemeinde bis hin zur Landeshauptstadt München. Durch die enge Bindung des Aggregates an die urbanen Zentren ist die durchschnittliche Distanz zur nächstgelegenen Autobahnauffahrt in diesem Aggregat mit 4.956 Metern am kleinsten. Analog stellt die durchschnittliche Anzahl von Forschungseinrichtungen und Hochschulen mit 24 im Radius von 40 km das Maximum aller Aggregate dar.

Tabelle 6.19: Deskriptive Statistiken – Unternehmensnahe Dienstleistungen: Zulieferer

Variable	Mean	Std. Dev.	Min.	Max.	N
UjM	124.664	75.063	0	416	3455
lnUjM	4.624	0.718	-4.905	6.031	3454
USZ40	22697640.656	17772362.424	270407	44303612	3455
USZ56	6384671.04	7438952.399	121114	38799024	3455
lnUSZ40	16.385	1.208	12.508	17.607	3455
lnUSZ56	15.242	0.879	11.704	17.474	3455
CZ40	622.568	320.575	36	1033	3455
CZ56	331.594	133.269	34	763	3455
lnCZ40	6.245	0.679	3.584	6.94	3455
lnCZ56	5.702	0.487	3.526	6.637	3455
Bev	371311.492	577258.478	730	1388308	3455
Forschung	24.48	19.081	1	45	3353
Autobahn	4956.277	5444.378	42.756	43612.666	3455
Bahn	1487.738	2082.232	12.16	20775.667	3455
Nace2	65.948	4.524	62	72	3455

Das Schätzergebnis ist in der der ersten Schätzstufe von 40 km wie erwartet positiv, und auf dem 5-Prozent-Niveau signifikant. Dieser positive Effekt schwächt sich über die Distanz enorm stark ab. In der zweiten, flächengleichen Schätzstufe ist der Effekt um den Faktor sechs schwächer und darüber hinaus insignifikant (vgl. Tabelle 6.20).

Tabelle 6.20: Schätzergebnisse – Unternehmensnahe Dienstleistungen: Zulieferer
(Std. Err. adjusted for 683 clusters in GEMKZ)

Variable	Coefficient	(Std. Err.)
lnUSZ40	0.071*	(0.035)
lnUSZ56	0.012	(0.038)
lnCZ40	-0.023	(0.054)
lnCZ56	-0.039	(0.079)
Bev	0.000	(0.000)
Forschung	0.000	(0.002)
Autobahn	0.000	(0.000)
Bahn	0.000	(0.000)
Nace2	0.003	(0.003)
Intercept	3.452**	(0.563)
N	3352	
R^2	0.005	
$F_{(9,682)}$	1.641	

6.5.2 Unternehmensnahe Dienstleistungen: Arbeitsmarkt

Die nachfolgende Tabelle zeigt die deskriptiven Statistiken für die eingeführten Effekte eines spezialisierten Arbeitsmarktes im Aggregat der unternehmensnahen Dienstleistungen. Das Maximum der ersten Schätzstufe hinsichtlich der Mitarbeiter in übrigen Dienstleistungsunternehmen (M40) liegt bei 53.893 Mitarbeitern (vgl. Tabelle 6.21).

Tabelle 6.21: Deskriptive Statistiken – Unternehmensnahe Dienstleistungen: Arbeitsmarkt

Variable	Mean	Std. Dev.	Min.	Max.	N
UjM	124.664	75.063	0	416	3455
lnUjM	4.624	0.718	-4.905	6.031	3454
M40	28165.355	22140.996	90	53893	3455
M56	7841.738	9908.676	140	47373	3455
lnM40	9.557	1.45	4.5	10.895	3455
lnM56	8.332	1.16	4.942	10.766	3455
CA40	965.349	749.48	6	1829	3455
CA56	323.151	281.197	8	1445	3455
lnCA40	6.304	1.256	1.792	7.512	3455
lnCA56	5.422	0.901	2.079	7.276	3455
Bev	371311.492	577258.478	730	1388308	3455
Forschung	24.48	19.081	1	45	3353
Autobahn	4956.277	5444.378	42.756	43612.666	3455
Bahn	1487.738	2082.232	12.16	20775.667	3455
Nace2	65.948	4.524	62	72	3455

Im Ergebnis resultiert diese Präsenz von Mitarbeitern in positiven und sich über die Distanz abschwächenden Koeffizienten. Allerdings kann die Nullhypothese, dass diese Präsenz keinen Einfluss auf die erklärte Variable ausübt, bei den hier vorliegenden t-Werten (lnM40: 1,4) nicht verworfen werden (vgl. Tabelle 6.22).

Tabelle 6.22: Schätzergebnisse – Unternehmensnahe Dienstleistungen: Arbeitsmarkt (Std. Err. adjusted for 683 clusters in GEMKZ)

Variable	Coefficient	(Std. Err.)
lnM40	0.049	(0.035)
lnM56	0.026	(0.034)
lnCA40	-0.069	(0.062)
lnCA56	-0.013	(0.052)
Bev	0.000	(0.000)
Forschung	0.004	(0.002)
Autobahn	0.000	(0.000)
Bahn	0.000	(0.000)
Nace2	0.003	(0.003)
Intercept	4.162**	(0.272)
N	3352	
R^2	0.005	
$F_{(9,682)}$	1.65	

6.5.3 Unternehmensnahe Dienstleistungen: Spillover

Diese letzte Kombination erfasst die Spillover-Effekte unter den unternehmensnahen Dienstleistern. Die Tabelle 6.23 zeigt hierzu die deskriptiven Statistiken.

Tabelle 6.23: Deskriptive Statistiken – Unternehmensnahe Dienstleistungen: Spillover

Variable	Mean	Std. Dev.	Min.	Max.	N
UjM	124.664	75.063	0	416	3455
lnUjM	4.624	0.718	-4.905	6.031	3454
US40_CA40	4100.598	2351.533	722.193	25241.842	3455
US56_CA56	2979.979	2109.959	569.133	43053.637	3455
lnUS40_CA40	8.165	0.575	6.582	10.136	3455
lnUS56_CA56	7.826	0.583	6.344	10.67	3455
Bev	371311.492	577258.478	730	1388308	3455
Forschung	24.48	19.081	1	45	3353
Autobahn	4956.277	5444.378	42.756	43612.666	3455
Bahn	1487.738	2082.232	12.16	20775.667	3455
Nace2	65.948	4.524	62	72	3455

Im Ergebnis sind unter den Dienstleistern monetär messbare Spillover-Effekte nachweisbar. Das Ergebnis der ersten Distanzstufe ist insignifikant, jenes der zweiten erzielt eine Signifikanz auf dem 10-Prozent-Niveau (vgl. Tabelle 6.24).

Tabelle 6.24: Schätzergebnisse – Unternehmensnahe Dienstleistungen: Spillover
(Std. Err. adjusted for 683 clusters in GEMKZ)

Variable	Coefficient	(Std. Err.)
lnUS40_CA40	0.041	(0.027)
lnUS56_CA56	$0.040^\dagger$	(0.022)
Bev	0.000	(0.000)
Forschung	0.003^{**}	(0.001)
Autobahn	0.000	(0.000)
Bahn	0.000	(0.000)
Nace2	0.003	(0.003)
Intercept	3.701^{**}	(0.352)
N	3352	
R^2	0.006	
$F_{(7,682)}$	2.39	

Der nachfolgende Abschnitt fasst die hier ausführlich dargestellten Ergebnisse aller Branchenaggregate mit Blick auf die zentralen erklärenden Variablen zusammen.

6.6 Zusammenfassung der Schätzergebnisse

Die hier dargelegten Befunde sind der Versuch, mit einer relativ neuen Methode in der Clusterforschung die Frage zu untersuchen, ob die als Lokalisationsvorteile bekannten Mechanismen nicht nur die Verteilung der Unternehmen im Raum erklären, sondern in welcher Stärke die drei Faktoren für verschiedene Branchen auch Wirkungen entfalten, welche monetär messbar sind.

Hierfür wurden in Abschnitt 5.1 folgende vier Hypothesen formuliert.

$H_0 1$: Ein erhöhter Grad an Clusterung der vorgelagerten Wertschöpfungsstufen führt zu keiner Erhöhung der durchschnittlich erzielten Umsätze je Mitarbeiter in einem Unternehmen c.p.. (Zulieferer)

$H_0 2$: Ein erhöhter Grad an Clusterung von Arbeitskräften mit passender Qualifikation führt zu keiner Erhöhung der durchschnittlich erzielten Umsätze je Mitarbeiter in einem Unternehmen c.p.. (Arbeitsmarkt)

$H_0 3$: Ein erhöhter Grad an Clusterung der gleichen Wertschöpfungsstufe führt zu keiner Erhöhung der durchschnittlich erzielten Umsätze je Mitarbeiter in einem Unternehmen c.p.. (Spillover)

$H_0 4$: Die positiven externen Effekte der Clusterung sind unempfindlich gegenüber einer größer werdenden Distanz.

Für den Faktor Zulieferer ($H_0 1$) ergibt sich über die Branchen folgendes Ergebnis:

Während metallverarbeitende Unternehmen durch die Präsenz ihrer Zulieferer nicht messbar profitieren, tun es die Unternehmen der elektrischen Industrie. Für diese Unternehmen der Elektonikherstellung ist der Effekt sogar unabhängig von größer werdenden Distanzen. Die unternehmensbezogenen Dienstleister profitieren in der schlüssigen Logik bestehender Cluster-Ansätze: Sie erzielen dann signifikant bessere Umsätze je Mitarbeiter, wenn die Dichte von vorgelagerten Industriezweigen für moderne Werkstoffe hoch ist – der Effekt ist jedoch nur in einem engen räumlichen Umgriff wirksam. Für die Dienstleister reduziert sich der Effekt hinter der Grenzlinie von 40 km um den Faktor sechs und wird darüber hinaus auch insignifikant. Für die Aggregate EDV und UD kann die Hypothese zum gebräuchlichen Signifikanzniveau von 5% verworfen werden.

Für den Lokalisationsvorteil eines spezialisierten Arbeitsmarktes ($H_0 2$) lässt sich feststellen:

Das Branchenaggregat der Chemie profitiert nicht von den als förderlich angenommenen Effekten, im engen Umfeld über eine hohe Zahl von adäquat qualifizierten Mitarbeitern zu verfügen. Im Ergebnis hat die räumliche Dichte für die Chemieunternehmen sogar negative Effekte. Die metallverarbeitenden Branchen hingegen profitieren von dieser räumlichen Dichte in der angenommen Form – der Effekt ist positiv und in der ersten Schätzstufe auf dem 5-Prozent-Niveau signifikant. Mit zunehmender Distanz schwächt sich dieser Effekt für die metallverarbeitenden Branchen ab, in der ersten Abstufung ist er um den Faktor 2,3 stärker als in der Zweiten. In den beiden übrigen Aggregaten (EDV sowie unternehmensnahe Dienstleister) sind diese Arbeitsmarktvorteile nicht nachweisbar.

Der Lokalisationsvorteil der Spillover ($H_0 3$) zeigt für die Chemiebranche keine erfolgssteigernden Effekte. Im Aggregat Metall sind diese hingegen nachweisbar. In der ersten Schätzstufe sind diese signifikant und bezüglich ihrer Stärke auch doppelt so stark als in der Zweiten. Für das Branchenaggregat EDV lassen sich wiederum keine monetär messbaren Spillover-Effekte identifizieren. Im Dienstleistungsbereich sind sie wirksam, sie sind hier in der zweiten Schätzstufe signifikant und somit nicht degressiv hinsichtlich einer größer werden Distanz (vgl. Tabelle 6.25).

Tabelle 6.25: Zusammenfassung der zentralen Schätzkoeffizienten

	Zulieferer	Arbeitsmarkt	Spillover
Chemie 40	–	-0.094[†]	-0.034
Chemie 56	–	-0.074[†]	-0.033
Metall 40	-0.039	0.051*	0.036[†]
Metall 56	-0.004	0.022	0.017
EDV 40	0.021	-0.008	-0.024
EDV 56	0.135*	0.036	0.031
UD 40	0.071*	0.049	0.041
UD 56	0.012	0.026	0.040[†]

Bezogen auf die Distanz ($H_0 4$) werden nur Kombinationen aus Branchenaggregat und Faktor betrachtet, welche mindestens in einer der beiden Schätzstufen ein signifikantes Ergebnis anzeigen. Dies ist insgesamt für sechs Kombinationen zutreffend (vgl. Tabelle 6.26).

Tabelle 6.26: Signifikante Ergebnisse in mindestens einer Schätzstufe

	Zulieferer	Arbeitsmarkt	Spillover
Chemie	–	•	
Metall		•	•
EDV	•		
UD	•		•

Tatsächlich lässt sich in vier dieser sechs genannten Kombinationen beobachten, dass die Koeffizienten über die Distanz kleiner werden. Dies ist explizit gegeben bei:

- Metall ▶ Arbeitsmarkt
- Metall ▶ Spillover
- UD ▶ Zulieferer

- UD ▶ Spillover

Zusammenfassend konnte also bei vier von sechs signifikanten Kombinationen ein Absinken der Koeffizienten mit der Distanz beobachtet werden. Aufgrund dieser Verteilung ist die Hypothese $H_0 4$ zu verwerfen.

6.7 Robustheitstest

Einige der vorgelegten Ergebnisse werden in diesem Abschnitt den Tests auf Robustheit unterzogen. Die Logik der Tests liegt darin, geringfügige Änderungen in den Modellspezifikationen vorzunehmen und nachfolgend zu beobachten, ob die wesentlichen Muster der Ergebnisse trotz der Änderungen stabil bleiben. Im Rahmen der Robustheitstests werden folgende Anpassungen[6] vorgenommen:

- Verwendung eines anderen Schätzers als OLS

- Trennung des Samples anhand der Bevölkerung in ein urbanes und ländlich strukturiertes Teilsample

- Veränderung der Distanzen in den Schätzungen

Modifikation des Schätzers

Als Alternative zu OLS lassen sich Probit-Schätzungen durchführen. In ihrer einfachsten Form kommen Probit-Modelle dann zum Einsatz, falls die abhängige Variable lediglich zwei Ausprägungen annehmen kann.

$$y_i = \begin{cases} 1 & \text{falls Bedingung erfüllt} \\ 0 & \text{falls Bedingung nicht erfüllt} \end{cases}$$

Durch Umkodieren lassen sich auch auch Variablen mit einer stetigen Verteilung auf diese Form reduzieren. In diesem Anwendungsfall wird die Verteilung der Variable „Umsatz je Mitarbeiter" (UjM) in die binäre Form überführt.

$$y_i = \begin{cases} 1 & \text{falls UjM} > \text{Median} \\ 0 & \text{falls UjM} < \text{Median} \end{cases}$$

Die binäre Variable nimmt den Wert 0 an, falls der Umsatz je Mitarbeiter unterhalb des Medians liegt. Im Aggregat Metall entspricht dies der Höhe von 113.700 Euro. Ana-

---

[6]Einige Hinweise zur Auswahl der Tests konnten den Anmerkungen der Zuhörer im Rahmen des 4. Workshop Regionalökonomie am 11. und 12. September 2014 in der Niederlassung des ifo Institutes in Dresden entnommen werden.

log werden die Werte in der oberen Hälfte der Verteilung in die Ziffer 1 umkodiert[7].
Die erklärenden Variablen sind nun Indizien, welche Auskunft darüber geben, dass sich
ein Unternehmen in der oberen Hälfte der Verteilung einsortiert. Geschätzt wird diese
Änderung ebenfalls für die Kombination aus Aggregat Metall und Faktor Arbeitsmarkt.[8]

Im Ergebnis bleiben die Vorzeichen der beiden zentralen Variablen lnM40 und lnM56
unverändert positiv. Auch gemäß des Probit-Modells übt die Anzahl der Mitarbeiter in
den umgebenden Unternehmen einen positiven und signifikanten Effekt aus (5% Signifikanzniveau). Die bekannte Distanzrestriktion in dieser Kombination bleibt erhalten, da
auch im Probit-Modell nur der Koeffizient für die erste Schätzstufe signifikant ist und sein
Betrag gegenüber der zweiten Stufe deutlich erhöht ist (siehe Tabelle 6.27).

Tabelle 6.27: Robustheitscheck – Metall: Arbeitsmarkt (Probit-Modell)

Variable	dy/dx	Std. Err.	z	P>z	[95%	C.I.]	X
lnM40	.0396492*	.02006	1.98	0.048	.000324	.078974	9.53514
lnM56	.0186504	.02241	0.83	0.405	-.025275	.062576	9.23403
lnCA40	-.0593035	.03631	-1.63	0.102	-.130462	.011855	5.20341
lnCA56	.0384901	.04033	0.95	0.340	-.040546	.117526	4.95678
Bev	-6.83e-08	.00000	-1.63	0.102	-1.5e-07	1.4e-08	90563
Forschung	.0016586	.00122	1.36	0.175	-.000737	.004054	11.3726
Autobahn	-1.56e-06	.00000	-1.00	0.317	-4.6e-06	1.5e-06	7626.93
Bahn	-1.03e-06	.00000	-0.28	0.782	-8.3e-06	6.3e-06	2324.63

Marginal effects after probit

$y = Pr(UjMHL)$ (predict)

$= .50001471$

Neben einem binären Probit-Modell kann auch ein ordinales Probit-Modell geschätzt
werden. Dazu wird die Verteilung der erklärten Variable im Aggregat Metall in vier gleich
stark besetzte Gruppen (Quartile) umkodiert und ihnen Werte zwischen 1 und 4 zugeordnet.

$$y_i = \begin{cases} 1 & \text{falls UjM} < 82 \\ 2 & \text{falls UjM} \geq 82 \text{ and UjM} < 113 \\ 3 & \text{falls UjM} \geq 113 \text{ and UjM} < 159 \\ 4 & \text{falls UjM} \geq 159 \end{cases}$$

[7]Die neue Variable ist: UjMHL
[8]Die Probit-Schätzungen erfolgen ohne die Variable Nace2 für den Wirtschaftszweig.

Im Ergebnis ist auch hier erkennbar, dass die Koeffizienten in den ersten beiden Stufen (lnM40 und lnM56) positiv sind und sich über die Distanz hin zum Radius mit 56 km abschwächen. Die Signifikanz der Resultate ist nur in der ersten Schätzstufe nachweisbar.

Tabelle 6.28: Robustheitscheck – Metall: Arbeitsmarkt (Ordred Probit-Modell)

Variable	Coefficient	(Std. Err.)
lnM40	0.119**	(0.0440)
lnM56	0.0618	(0.0478)
lnCA40	-0.0167	(0.0757)
lnCA56	-0.0670	(0.0833)
Bev	-1.38e-07	(9.28e-08)
Forschung	0.000663	(0.00263)
Autobahn	-4.26e-06	(3.38e-06)
Bahn	-9.70e-07	(8.00e-06)
N	2292	
Wald chi2 (8)	23.78	
Prob >chi2	0.0025	
Pseudo R2	0.0039	

Urbanes vs. suburbanes Teilsample

Die Größe einer Stadt determiniert zu einem gewissen Grad auch die Anzahl der Unternehmen, welche sich in ihr befinden. Selbstverständlich gibt es Ausreißer in Form von industriell geprägten, suburban gelegenen Städten, welche viele Beschäftigte (Pendler) aber gleichzeitig wenig Einwohner aufweisen. Ganz grundsätzlich kann die vorige Behauptung jedoch in ihrer Aussage so angenommen werden. Ein Test auf Korrelation im Aggregat Metall ergibt einen mittelstark ausgeprägten Koeffizienten (0.3899) zwischen den Variablen CA40[9] und der Zahl der Einwohner am Unternehmensstandort.

Das Aggregat Metall besteht aus insgesamt 2.292[10] bayerischen Unternehmen. Diese sind in 906 verschiedenen Städten und Gemeinden. Die zugehörige Häufigkeitsverteilung der Einwohnerzahl ist stark linksschief. Der sehr hohe Wert der Hauptstadt München (1,38 Millionen) erhöht zwangsläufig den Mittelwert der Einwohnerzahl (dieser liegt bei 90.563 Einwohnern). Tatsächlich verfügen die unteren 50% der Städte und Gemeinden über höchstens 9.171 Einwohner. Dieser Grenzwert wird verwendet, um das Sample in ein suburbanes (<9.171) und ein urbanes Teilsample (>9.171) gleicher Fallzahl zu trennen. Die Tabelle 6.29 gibt einen Überblick über die Häufigkeitsvertcilung.

---

[9]Anzahl der umgebenden metallverarbeitenden Unternehmen um das untersuchte Unternehmen innerhalb eines Radius von 40 km.
[10]um Ausreißer bereinigt, siehe Tabelle 5.18

Tabelle 6.29: Häufigkeitsverteilung der Einwohnerzahl der Städte und Gemeinden

Perzentile der Einwohnerzahl	
1%	1.083
5%	1.617
10%	2.390
25%	4.274
50%	9.171
75%	21.265
90%	124.577
95%	495.121
99%	1.388.308
Mean	90562.99
Std. Dev.	283743.8
N	2292

Die Schätzung erfolgt abermals für die Arbeitsmarkteffekte im Aggregat Metall. Die Trennung der Samples offenbart, dass das identifizierte Muster der Distanzempfindlichkeit erhalten bleibt. Für die Koeffizienten der Zahl der Mitarbeiter gilt im urbanen als auch im suburbanen Sample gleichermaßen:

$$lnM40 > lnM56$$

Das urbane Sample (vgl. Tabelle 6.30) enthält die Unternehmen, welche in einer tendenziell höheren räumlichen Dichte lokalisiert sind. Es ist daher logisch nachvollziehbar, dass sich der Koeffizient für die erste Schätzstufe (lnM40) deutlich erhöht hat. Von 0.051 in der ursprünglichen Schätzung hat er sich auf 0.095 nahezu verdoppelt, seine Signifikanz auf dem 5%-Niveau bleibt erhalten.

Tabelle 6.30: Robustheitscheck – Metall: Arbeitsmarkt (urbanes Sample)
(Std. Err. adjusted for 223 clusters in GEMKZ)

Variable	Coefficient	(Std. Err.)
lnM40	0.095*	(0.046)
lnM56	0.030	(0.038)
lnCA40	-0.044	(0.058)
lnCA56	-0.088	(0.057)
Bev	0.000**	(0.000)
Forschung	0.001	(0.002)
Autobahn	0.000	(0.000)
Bahn	0.000	(0.000)
Nace2	0.075**	(0.010)
Intercept	2.239**	(0.370)
N	1147	
R^2	0.055	
$F_{(9,222)}$	11.809	

Im logischen Gegensatz dazu hat sich der selbe Koeffizient für die erste Schätzstufe in der suburbanen Schätzung halbiert. Er ist von 0.051 auf 0.029 gesunken, während sich der zugehörige Standardfehler nur marginal verändert (vgl. Tabelle 6.31). Die Signifikanz in der ersten Schätzstufe ist im sururbanen Sample nicht länger gegeben.

Tabelle 6.31: Robustheitscheck – Metall: Arbeitsmarkt (suburbanes Sample)
(Std. Err. adjusted for 684 clusters in GEMKZ)

Variable	Coefficient	(Std. Err.)
lnM40	0.029	(0.029)
lnM56	0.022	(0.032)
lnCA40	0.024	(0.055)
lnCA56	-0.029	(0.061)
Bev	0.000	(0.000)
Forschung	-0.002	(0.002)
Autobahn	0.000	(0.000)
Bahn	0.000	(0.000)
Nace2	0.079**	(0.010)
Intercept	2.155**	(0.375)

N	1149
R^2	0.06
$F_{(9,683)}$	7.904

Veränderung der Distanzen in den Schätzungen

In Abschnitt 5.2.3 wird gezeigt, auf welche Weise die beiden üblichen Schätzstufen (40 km und weitere 16 km) bestimmt sind. Die Idee des folgenden Tests auf Robustheit ist nun, diese Distanzen geringfügig zu variieren und die Veränderungen in den geschätzten Koeffizienten zu analysieren. In der Tabelle 5.2 wird nun die nächstkleinere Distanz zu den ursprünglichen 40 km gewählt, dies sind 35 km. Diese neue erste Schätzstufe (innerer Kreis A) hat folgenden Flächeninhalt:

$$A_A = \pi \times (r_A)^2$$

$$A_A = \pi \times (35\ km)^2 \approx 3.848\ km^2$$

Die zweite Schätzstufe ist abermals ein Kreisring (B). Die Größe von B, damit die Maßgabe

$$A_A = A_B$$

erfüllt ist, berechnet sich abermals nach Papula (2003, S. 33) wie folgt:

$$A_B = \pi(R^2 - r_A^2)$$

und somit in diesem Fall

$$R = \sqrt{\frac{3.848 \; km^2}{\pi} + 1.225 \; km^2} \approx 49 \; km$$

Der Kreisring (B) verfügt nun über einen zusätzlichen Radius von 14 km ($35km + 14km = 49km$). Die durchgeführten Tests mit veränderten Distanzen sollen zeigen, ob die Koeffizienten trotzdem in ihren grundlegenden Größenordnungen stabil bleiben. Der Test erfolgt an zwei Paarungen, welche sich stark unterscheiden:

- Chemie ▶ Arbeitsmarkt (negative Koeffizienten)

- Metall ▶ Arbeitsmarkt (positive Koeffizienten)

Die Tabelle 6.4 gibt die negativen Koeffizienten für den Faktor Arbeitsmarkt im Aggregat Chemie genau wieder – sowohl in der ersten als auch in der zweiten Schätzstufe. Die nachfolgende Tabelle 6.32 zeigt, dass sich durch die Modifikation der Distanz insgesamt acht Angaben der deskriptiven Statistiken gegenüber der Tabelle 6.3 verändert haben. Unverändert geblieben ist selbstverständlich die erklärte Variable UjM sowie die unverändert berechneten Kontrollvariablen. Durch die Verminderung des Radius haben sich die erklärenden Variablen verändert. In der Regel bedeutet dies: kleinere Minimalwerte, kleinere Maximalwerte und daher auch verminderte Mittelwerte. Die durchschnittliche Zahl der Mitarbeiter in der ersten Schätzstufe ist von 8589 (M40) auf 7071 (M35) zurückgegangen. In der zweiten Schätzstufe ist ein Rückgang des Mittelwertes von 5577 (M56) auf 4429 (M49) zu verzeichnen.

Tabelle 6.32: Deskriptive Statistiken des Robustheitschecks – Chemie: Arbeitsmarkt

Variable	Mean	Std. Dev.	Min.	Max.	N
UjM	155.823	96.033	2.5	600.061	906
lnUjM	4.868	0.633	0.916	6.397	906
M35	7071.312	7015.731	150	23631	906
M49	4429.181	4929.33	210	23723	906
lnM35	8.411	0.971	5.011	10.07	906
lnM49	7.996	0.855	5.347	10.074	906
CA35	63.991	36.906	4	154	906
CA49	47.454	23.616	7	123	906
lnCA35	3.981	0.625	1.386	5.037	906
lnCA49	3.725	0.542	1.946	4.812	906
Bev	85099.767	281408.853	699	1388308	906
Forschung	10.268	14.549	0	45	906
Autobahn	8195.527	7540.017	92.004	43723.246	906
Bahn	2180.255	3037.681	25.214	26800.325	906
Nace2	21.946	1.141	20	23	906

Das Muster der Ergebnisse ist für die Chemiebranche trotz der Variation in der Distanz stabil geblieben. Im Betrag gilt für die ursprüngliche und die neue Wahl der Distanzen:

$$|lnM40| > |lnM56|$$

$$|lnM35| > |lnM49|$$

Ferner sind diese beiden zentralen Koeffizienten in der ersten als auch zweiten Stufe trotz der Modifikation in den Distanzen weiterhin negativ.

Tabelle 6.33: Robustheitscheck – Chemie: Arbeitsmarkt (neue Radien)
(Std. Err. adjusted for 501 clusters in GEMKZ)

Variable	Coefficient	(Std. Err.)
lnM35	-0.062	(0.048)
lnM49	-0.054	(0.043)
lnCA35	-0.003	(0.077)
lnCA49	0.085	(0.069)
Bev	0.000	(0.000)
Forschung	0.003	(0.002)
Autobahn	0.000*	(0.000)
Bahn	0.000	(0.000)
Nace2	-0.077**	(0.021)
Intercept	7.261**	(0.631)
N	906	
R^2	0.033	
$F_{(9,500)}$	3.655	

Die weitere Überprüfung untersucht nun, ob die Koeffizienten im Aggregat Metall für den Faktor Arbeitsmarkt (ursprünglich positive Koeffizienten) stabil bleibt. Die deskriptiven Statistiken zeigen gegenüber der ursprünglichen Tabelle 6.9 durch die Reduktion der Distanz im Mittelwert geringere Werte an. Beispielsweise ist in der ersten Schätzstufe ein Rückgang von 19.761 (M40) auf 16.367 (M35 in Tabelle 6.34) zu verzeichnen.

Tabelle 6.34: Deskriptive Statistiken des Robustheitschecks – Metall: Arbeitsmarkt

Variable	Mean	Std. Dev.	Min.	Max.	N
UjM	129.876	70.202	0.032	466.667	2292
lnUjM	4.72	0.597	-3.438	6.146	2292
M35	16367.059	15482.04	635	86791	2292
M49	10610.297	10180.658	275	82658	2292
lnM35	9.281	0.940	6.454	11.371	2292
lnM49	8.915	0.845	5.617	11.322	2292
CA35	174.079	106.415	19	416	2292
CA49	125.909	61.602	15	327	2292
lnCA35	4.965	0.644	2.944	6.031	2292
lnCA49	4.699	0.553	2.708	5.79	2292
Bev	90562.993	283743.837	523	1388308	2292
Forschung	11.373	15.093	0	45	2292
Autobahn	7626.926	7344.699	42.756	43534.319	2292
Bahn	2324.634	2955.243	9.822	20146.028	2292
Nace2	26.509	1.669	25	30	2292

Tabelle 6.35: Robustheitscheck – Metall: Arbeitsmarkt (neue Radien)
(Std. Err. adjusted for 906 clusters in GEMKZ)

Variable	Coefficient	(Std. Err.)
lnM35	0.049*	(0.022)
lnM49	0.015	(0.022)
lnCA35	-0.002	(0.033)
lnCA49	-0.039	(0.037)
Bev	0.000**	(0.000)
Forschung	0.000	(0.001)
Autobahn	0.000	(0.000)
Bahn	0.000	(0.000)
Nace2	0.078**	(0.007)
Intercept	2.269**	(0.256)
N	2292	
R^2	0.055	
$F_{(9,905)}$	18.343	

Die per OLS geschätzten Koeffizienten im Aggregat Metall für den Faktor Arbeitsmarkt bleiben trotz der Modifikation der Distanz stabil. Es gilt weiterhin:

$$\text{lnM40} > \text{lnM56}$$

Auch die Koeffizienten selbst haben sich im Vergleich der beiden Schätzungen kaum verändert: Das geschätzte β für den Faktor lnM40 hat sich von 0.051 auf 0.049 bei lnM35 nur unwesentlich verringert. Ebenso ist das Verhältnis des Absinkens von der ersten zur zweiten Schätzstufe vergleichbar. Das Ergebnis der ersten Schätzstufe ist weiterhin auf dem Niveau von fünf Prozent signifikant (vgl. Tabelle 6.35).

7 Zusammenfassung zentraler Ergebnisse

Die in den vorausgegangen Kapiteln dargelegten Befunde haben eine Vielzahl an Ergebnissen geliefert. Diese sollen an diesem Punkt der Arbeit konsolidiert und zueinander in Verbindung gebracht werden.

An dieser Stelle der Arbeit soll eine leichte Rezeption der zentralen Befunde möglich sein. Daher wird von einer Wiedergabe der exakten Werte abgesehen und auf Querverweise verzichtet. Analog zu der Strukturierung der gesamten Arbeit werden die zentralen Befunde für jedes Branchenaggregat zusammengefasst.

7.1 Zentrale Ergebnisse: Chemie

Die Unternehmen des Aggregates Chemie produzieren die Ausgangsprodukte moderner Werkstoffe wie Fasern und Harze. Das Aggregat besteht aus drei NACE-Codes auf Ebene der Zweisteller (20,22,23). Gemäß den Angaben des bayerischen Industrie- und Handelskammertages gab es im Jahr 2013 genau 2.380 Unternehmen dieser Art in Bayern.

Die regionale Spezialisierung auf diese Branche in Bayern ist flächenhaft – 32 von insgesamt 96 bayerischen Landkreisen verfügen über eine deutlich höhere Zahl an Beschäftigten in diesen drei Einzelbranchen, als es bei einer theoretischen Gleichverteilung auf alle Landkreise zu vermuten wäre. In diesem industriellen Branchenaggregat sind leichte Tendenzen einer Marktkonzentration in Bezug auf die Beschäftigten sichtbar: In der Chemiebranche arbeiten demnach stets eine hohe Zahl von Mitarbeitern in vergleichsweise wenigen Unternehmen.

Die bereits dargelegte flächenhafte Verteilung der Beschäftigten ist natürlich durch die Verteilung ihrer Arbeitgeber determiniert. Kein anderes Aggregat ist in seiner Gesamtheit der Unternehmen so gleichmäßig im Süden Deutschlands angesiedelt wie die Produzenten der Kunststoffe, Fasern und Harze. Diese disperse Verteilung bedeutet aber auch: Von den Lokalisationsvorteilen eines spezialisierten Arbeitsmarktes und von Spillover-Effekten können die so angeordneten Unternehmen der Chemie ausdrücklich keine positiven, monetär messbaren Erfolge generieren.

Die wahrscheinlich wichtigeren räumlichen Vorteile für die Chemie sind die Urbanisationsvorteile, namentlich Städte einer gewissen Größenordnung und auch harte Standortvorteile wie die Verkehrsinfrastruktur. Dies zeigen auch die Korrelationen: Obwohl im Betrag schwach, ist die Korrelation zwischen der Gesamtzahl der Beschäftigten am Standort und der unternehmerischen Erfolgsgröße im Aggregat Chemie am stärksten. Die effizient arbeitenden Unternehmen der Chemie zeigen auch eine weitere interessante Eigenschaft: Sie

sind nahezu ausnahmslos an den gerade für den Gefahrguttransport wichtigen Schienennetzen gelegen (vgl. Abbildung 7.1). Dieser Befund ist lediglich deskriptiver Natur, denn
die Frage der Kausalität kann nicht abschließend geklärt werden: Führen die Schienen im
Laufe der Zeit auch zu den sich dynamisch entwickelnden, handelsintensiven Unternehmen
oder siedeln sich Unternehmen dieser Branche kategorisch nur an Schienennetzen an?

Abbildung 7.1: Chemie – high Clusters und Schienennetz

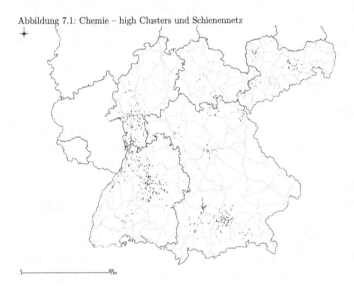

Die Restriktionen in Bezug auf den Standort sind im Aggregat Chemie darüber hinaus
noch vielschichtiger: Die Chemieunternehmen benötigen als Vorleistungen die im Bergbau
geförderten, voluminösen Bodenschätze. Daher kommt mit Blick auf reduzierte Transportkosten eher der Nähe zu den Unternehmen des Bergbaus und somit zwangsläufig zu den
Lagerstätten der Ressourcen und Reserven eine besondere Bedeutung zu.

7.2 Zentrale Ergebnisse: Metall

Das bei weitem beschäftigungsstärkste Aggregat ist jenes der metallverarbeitenden Unternehmen (NACE 25,28,29,30). Es umfasst auch die stark in der Öffentlichkeit präsenten
Hersteller von Automobilen sowie jene der Luft- und Raumfahrt. Die Branchen des Verarbeitenden Gewerbes, zu welchen auch diese vier genannten NACE-Codes gehören sind
in Bayern ohnehin von hoher Beschäftigungsrelevanz: Daher sind noch darüber hinausge-
hende Spezialisierungen auf Ebene der Landkreise nur selten zu identifizieren, dafür aber
auch einwandfrei erklärbar (Audi AG in Ingolstadt). Unternehmen dieser Art tragen da-

zu bei, dass die Marktkonzentration (gemessen als Ungleichverteilung der Beschäftigten auf die Unternehmen) in diesem Aggregat die höchste Ausprägung aufweist. Ferner ist unter den drei industriellen Aggregaten kein anderes räumlich so stark konzentriert wie das Aggregat Metall. Ein Mitgrund kann auch durch die empirischen Schätzungen erklärt werden: Die Unternehmen dieses Aggregates profitieren deutlicher als jedes andere von der räumlichen Nähe zueinander. Sowohl spezialisierte Arbeitsmärkte als auch ein wirtschaftlich starkes Umfeld entfalten für diese Branchen monetär messbare Vorteile. Die räumliche Konzentration scheint erforderlich, denn bereits außerhalb eines Radius von 40 km um ein Unternehmen verlieren diese Effekte sowohl an Stärke als auch an Signifikanz.

7.3 Zentrale Ergebnisse: EDV

Hochleistungswerkstoffe sind in ihren Anwendungen nur Einzelteile von weitaus komplexeren, mechatronischen Systemen. Die Ergänzung hin zu diesen Systemen leisten die Betriebe der Gruppe EDV. Es handelt sich nicht um Dienstleistungen, sondern um die industrielle Herstellung von elektrischen und elektronischen Bauteilen. Das Aggregat EDV besteht aus zwei Wirtschaftszweigen der NACE-Klassifikation auf Ebene der Zweisteller (26; Herstellung von Datenverarbeitungsendgeräten) sowie (27; Herstellung von elektrischen Ausrüstungen). Die regionale Spezialisierung seitens der Beschäftigten beschränkt sich vor allem auf den Regierungsbezirk Niederbayern. Auf der darunter liegenden Ebene der Landkreise ist sie nur für eine handvoll Landkreise gegeben, diese befinden meist fernab der großen Städte München, Nürnberg und Augsburg. Die Korrelation zwischen der Stadtgröße und der unternehmerischen Erfolgsgröße (Umsatz je Mitarbeiter) ist in diesem Aggregat mit einem Wert von Null nicht gegeben.

Unter den drei industriellen Aggregaten ist die Konzentration der Beschäftigten auf die Zahl der Unternehmen im Aggregat EDV am schwächsten. Wird über verknüpfte Abfragen nach den effizienter wirtschaftenden und gleichzeitig auch räumlich stark konzentrierten Unternehmen gesucht, verbleiben in Bayern nur drei Standorte: Gleichzeitig sind es auch die größten Agglomerationen Bayerns, namentlich die Großräume München, Nürnberg sowie Augsburg. Dass die Unternehmen hier geballt erscheinen und effizient sind, liegt auch daran, dass die Erfolgsgröße der EDV-Unternehmen nachweislich höher liegt, wenn die Dichte vorgelagerter Wirtschaftszweige hoch ist. Dieser Effekt scheint nicht auf die unmittelbare Nachbarschaft begrenzt zu sein, denn er zeigt in der zweiten Schätzstufe ein signifikantes Ergebnis. Diese Nähe zu den Herstellern von Vorleistungen (hier: Chemie und Metall) ist die treibende exogene Kraft für eine erhöhte Erfolgsgröße – denn aus der Nachbarschaft zu ihresgleichen (durch Arbeitsmarkteffekte und Spillover) können die

Unternehmen des Aggregates EDV keine monetär messbaren Vorteile erzielen.

7.4 Zentrale Ergebnisse: Unternehmensnahe Dienstleistungen

Dieses Aggregat besteht als einziges aus Wirtschaftszweigen, welche dem Dienstleistungssektor zugeordnet sind. Es sind Unternehmen, welche privatwirtschaftliche Auftragsforschungen durchführen oder aber spezialisierten Ingenieurbüros (NACE 62,7112 und 721). In Bezug auf die reine Anzahl an betrachteten Unternehmen ist es das größte Aggregat. In der räumlichen Untergliederung Bayerns zeigt nur der Regierungsbezirk Mittelfranken und darunter ein gutes Dutzend Landkreise eine Spezialisierung auf solche Dienstleistungen an. Das Aggregat ist, für Dienstleistungen nicht untypisch, durch eine hohe Zahl von Kleinunternehmen mit relativ wenigen Mitarbeitern charakterisiert. Auch Graham (2009, S. 70) zeigt in seiner Untersuchung anhand von Individualdaten, dass Unternehmen aus dem Dienstleistungssektor deutlich geringe Betriebsgrößen aufweisen.

Räumlich ist kein anderes Aggregat so stark vergesellschaftet, also in geringer Entfernung zueinander angesiedelt, als dieses. Die effizient wirtschaftenden und gleichzeitig räumlich konzentrierten Dienstleister sind ausnahmslos in den großen Metropolen Süddeutschlands angesiedelt. Hier verbleiben sogar je Bundesland maximal ein oder zwei Standortballungen, suburbane Dienstleistungscluster gibt es nicht.

Im Rahmen der ökonometrischen Schätzungen kann der Nachweis geführt werden, dass die starke Präsenz von vorgelagerten Wirtschaftszweigen (in diesem Fall Chemie, Metall und EDV) einen monetär messbaren Effekt für die Dienstleister hervorruft. Dieser ist auf die Distanz von 40 km beschränkt, verliert danach um den Faktor sechs an Stärke und darüber hinaus an Signifikanz. Die Kopräsenz von anderen Dienstleistern bedeutet zwar auch eine ausgeprägtere Konkurrenz, doch der Zugang zu Wissensexternalitäten wiegt stärker: Dieser Vorteil ist für Dienstleister zumindest bis zu einer Entfernung von 56 km nachweisbar, positiv und auf dem 10-Prozent-Niveau signifikant.

8 Ausblick

Nachdem an dieser Stelle der Großteil der Arbeit überblickt werden kann, lohnt es, die Erkenntnisse von besonderem Wert zu rekapitulieren und zu verknüpfen. Dieser Rückblick erfolgt in seiner Reihenfolge analog zu der Gliederung der bisherigen Arbeit.

8.1 Literatur und Theorie

Die Aufarbeitung der Literatur offenbart, dass es eine Fülle an empirischen Arbeiten gibt, welche positive Effekte von Clusterungen auf diverse Phänomene identifizieren können. Ebenso gibt es zahlreiche Indizien, dass wirtschaftliche Aktivitäten dazu tendieren, sich räumlich zu konzentrieren. Aber eine wichtige Frage blieb nach dem besten Wissen des Autors bislang weitestgehend außer Acht: Spiegelt sich räumliche Konzentration in einer monetär messbaren Erfolgsgröße für Unternehmen wieder? Diese Frage ist aus den verschiedensten Perspektiven, von der übergeordneten Ordnungspolitik bis hin zu einer betriebswirtschaftlichen Standortentscheidung von höchster Relevanz:

- Die Europäische Union, die Bundesrepublik Deutschland und deren Bundesländer betreiben aktive Clusterpolitik. Aus deren Perspektive muss die Fragestellung lauten: Ist die Clusterförderung ordnungspolitisch legitim, weil die räumlich eng organisierten Unternehmen tatsächlich auch den Nutzen erfahren, monetär effizienter zu sein?

- Aus betriebswirtschaftlicher Sicht hat die Standortentscheidung bei der Unternehmensgründung und einer später möglichen Verlagerung besondere Relevanz. „When entrepreneurs found organizations, they make two key decisions: what products to sell and where to locate" (Baum & Haveman, 1997, S. 304). Unternehmen treffen ihre Standortentscheidung vor dem Hintergrund der Nutzenmaximierung in der Regel so, dass die Differenz aus standortabhängigen Erlösen und standortabhängigen Kosten maximal ist (Haas & Neumair, 2008, S. 12). Wie in Kapitel 6 ersichtlich ist, gibt es monetär messbare Clustereffekte, jedoch entscheiden die räumliche Dichte (Abschnitt 4.4) als auch die Branchenzugehörigkeit („what products to sell") maßgeblich, ob dem räumlichen Setting, in welchem produziert wird, auch eine erhöhte Bedeutung zukommt.

8.2 Methodik

Die Geokodierung war ein arbeitsintensiver Prozess dieser Arbeit. Die Transformation in Koordinaten ist zeitaufwendig und ferner sehr anfällig für Übertragungsfehler,[1] doppelte Checks auf Exaktheit sind unvermeidlich. Dennoch ist die Geokodierung der notwendige und methodisch richtige Pfad, um einen lange Zeit unzureichend modellierten Faktor der Regionalökonomie wieder zurück ins Spiel zu bringen: Die Distanz.

Für viele Branchenaggregate konnte in dieser Arbeit gezeigt werden, dass die einzelnen externen Effekte in ihrem monetären Beitrag stark distanzempfindlich sind. Dieser Befund reiht sich konsistent zu den bereits bestehenden Befunden für das Innovationsverhalten ein. Lerneffekte nehmen mit zunehmender Distanz drastisch ab (Wallsten, 2001).

Zur Identifikation der Cluster war die Geokodierung von enorm hohen Wert. Nach Combes et al. (2008, S. 256ff.) hat ein guter Messwert räumlicher Konzentration die folgenden sechs Kriterien zu erfüllen:

- Vergleichbarkeit zwischen Branchen (1)

- Vergleichbarkeit bei der Betrachtung verschiedener Maßstäbe (2)

- Resistenz gegen das Areal-Unit-Problem (3)

- Flexibilität in der industriellen Klassifikation (4)

- Möglichkeit zur Bewertung in Relation zu einer Gleichverteilung (5)

- In Bezug auf (5) die Möglichkeit zur Bestimmung der Signifikanz (6)

In der Einschätzung des Autors erfüllt die NNA (ab Kapitel 4.4) diese Anforderungen. Ebenso wurde, nach dem besten Wissen des Autors, die NNA zuvor nicht in einer wirtschaftswissenschaftlichen Fragestellung dieser Art angewendet. Sie ist eine enorm leistungsfähige Methode, um räumliche Clusterungen zu erfassen.

Die hier praktizierte Methodik einer Clusteranalyse verfügt über zwei Vorteile, welche zu der Verwendung in späteren Forschungsarbeiten motivieren könnte:

- Die Methode ist für jede Region der Region der Erde einsetzbar, einzig müssen projizierte Koordinatensysteme mit metrischen Einheiten verwendet werden.

- Die NNA zeigt eine hohe Flexibilität in der Auswahl der Wirtschaftszweige. Falls beispielsweise untersucht werden soll, ob die Uhrenindustrie in Deutschland über

---

[1]Beispielsweise resultiert das Vertauschen einer Ziffer in einer enormen Distanzabweichung, die falsche Koordinate 48.1234 N anstatt der richtigen 49.1234 N zu übertragen, ist in Bayern gleichbedeutend mit einer Abweichung von 112 Kilometern.

Ansätze der räumlichen Clusterung verfügt, so müsste der NACE-Code 2652 (Herstellung von Uhren) gegenüber dem gesamten Verarbeitenden Gewerbe als Kontrollgröße durch die NNA untersucht werden. Die NNA kontrolliert für die Anzahl der betrachteten Unternehmen. Dass es nur vergleichsweise wenige Uhrenhersteller in Deutschland gibt, stellt somit keine methodische Einschränkung dar.

Hochleistungswerkstoffe als thematischen Fokus auszuwählen hatte zwei Gründe: Erstens liefern die gefertigten Produkte einen Beitrag hin zu mehr Ressourceneffizienz und Nachhaltigkeit und zweitens konnte sich die dazu formierte Clusterinitiative zuletzt in einem bundesweiten, hoch dotierten Wettbewerb durchsetzen. Dies minimierte die Wahrscheinlichkeit, die Analyse lediglich einem „Scheincluster" (Wrobel, 2009) zu widmen. Diese Wahrscheinlichkeit wurde weiterhin dadurch klein gehalten, dass sich das Untersuchungsgebiet bei wesentlichen Teilen der Analyse über den gesamten süddeutschen Raum erstreckt.

In Bezug auf die thematische Flexibilität sei angemerkt, dass die drei untersuchten industriellen Branchenaggregate sehr wesentliche Bausteine des Verarbeitenden Gewerbes sind und die Ergebnisse auch völlig abseits von der gesamten Supply-Chain für Hochleistungswerkstoffe interpretierbar sind.

8.3 Software

Nicht kommerzielle GIS-Software hat sich in den letzten Jahren sehr dynamisch entwickelt. Aus Sicht des Autors sind Open-Source Produkte für die Analyse von Vektordaten den kommerziellen Alternativen bereits nahezu ebenbürtig. In eigenen Tests auf Leistungsfähigkeit hat sich QGIS aus dem Open-Source Bereich deutlich gegenüber seinen Alternativen[2] positiv abgehoben. Begründet ist dies durch:

- Die intuitive grafische Benutzeroberfläche (GUI)
- Der bereits großen und stetig wachsenden Anzahl an Plugins
- Der Stabilität und Performanz des Programms selbst

Dass sich Open-Source Produkte für Geodaten dynamisch entwickeln, ist aus Sicht des Autors folgenden Aspekten geschuldet:

- Die Hürde für Nutzer ist nieder: Auch Anfänger, welche zu Testzwecken keine Investition tätigen möchten, finden in Open-Source Produkten eine gänzlich kostenlose Alternative. Erste Lernerfolge lassen sich rasch realisieren, denn eine respektable

---

[2]z.B. gvSIG, GRASS GIS

Anzahl von kostenlosen Tutorials ermöglicht es jedem Nutzer, zu seiner Aufgabe erste Lösungswege einzusehen.

- Die Programme und Plugins werden nahezu täglich verbessert: Eine rege Community aus Entwicklern und Programmierern sowie die noch höhere Zahl von Nutzern ermöglicht diese permanente Weiterentwicklung[3] des Programmpaketes und somit die weitere Annäherung an proprietäre Softwareprodukte.

- Die Verfügbarkeit von frei verfügbaren Geodaten nimmt stetig zu. Allein die Arbeiten im Bereich des Projektes OpenStreetMap[4] sind ein eindrucksvolles Zeugnis der Güte von frei verfügbaren Geodaten, welche von Privatpersonen generiert werden. Ferner haben sich zahlreiche Gebietskörperschaften entschieden, zumindest grundlegende Geodaten freizugeben. Als europäisches Beispiel ist das sehr gute Angebot der Stadt Wien[5] zu nennen. Aus Deutschland treten die Angebote der Stadt Hamburg[6] sowie jenes aus Bayern[7] positiv hervor.

Für einen vertiefenden Einblick in QGIS und die Nutzung solcher Datensätze sei Graser (2013) als nennenswerte Quelle der Information empfohlen.

8.4 Methodische Verbesserungen

An dieser Stelle sollen die Limitationen des eigenen Ansatzes reflektiert werden, auch um interessierten Lesern einige Anregung für weiterführende Forschungsarbeiten zu bieten.

Hinsichtlich der Modellspezifikation könnte die Verwendung von Paneldaten eine nennenswerte Verbesserung bedeuten. Im Rahmen dieser Arbeit wurde aufgrund der Limitationen in den vorliegenden Daten nur in einer Querschnittbetrachtung geschätzt. Beobachtungen zu mehreren Zeitpunkten sind eine fortgeschrittene Lösung, um für die sog. nicht beobachtbare Heterogenität zwischen den Räumen zu kontrollieren. Im Gegenzug müsste sich dann aber auch die Konzeption der Kontrollvariablen von der vorgeschlagenen Methode dieser Arbeit deutlich unterscheiden. Denn zumindest in einer first-difference Schätzung wären zahlreiche Variablen nicht verwendbar. Beispielsweise bleibt der Abstand zur nächsten Autobahnauffahrt mittelfristig gleich und ist durch die Subtraktion bei zwei Zeitpunkten gleich Null.

Es wäre ein reizvolles Vorhaben, in einer Forschungsarbeit zwischen den förderlichen

---

[3]http://www.qgis.org/en/site/getinvolved/development/index#road-map (letzter Aufruf: 24.06.2014)
[4]http://www.openstreetmap.de/karte.html (letzter Aufruf: 24.06.2014)
[5]https://open.wien.at/site/datenkatalog/ (letzter Aufruf: 31.08.2014)
[6]http://www.daten.hamburg.de/ (letzter Aufruf: 31.08.2014)
[7]http://www.opendata.bayern.de/daten.html (letzter Aufruf: 31.08.2014)

Effekten von internen und externen Skalenerträgen zu diskriminieren. Für die exakte Messung der externen Skalenerträge wäre eine GIS-Modellierung durchzuführen. Die Analyse der internen Skalenerträge würde grundlegendes Wissen über die hergestellten Güter, die eingekauften Vorleistungen und die Kostenstrukturen erfordern. Aufgrund der Vertraulichkeit der Daten ist es aber nahezu ausgeschlossen, dass ein solcher Datensatz aufgebaut werden kann. Im Ergebnis könnte so eruiert werden, welche der beiden Quellen von räumlicher Konzentration in der Produktion die insgesamt größere Wirksamkeit entfaltet. Interne Skalenerträge wurden in dieser Arbeit nicht explizit behandelt.

Farhauer & Kröll (2013, S. 424) schlagen vor, auch im Kontext von Clusteranalysen zunächst die Interdependenz von Branchen, also die Frage „wer beliefert wen?" im Vorfeld weiterer Schritte zu untersuchen. Hierzu ermöglichen es Input-Output-Tabellen des Statistischen Bundesamtes, die Verflechtungen von Produzenten und Konsumenten nachzuvollziehen. Sollen dabei lediglich regionale Zusammenhänge erfasst werden, sind umfangreiche Schätzungen notwendig, welche zwangsläufig mit den resultierenden Unschärfen einhergehen. Diese Interdependenz war durch die Beschränkung auf die Herstellung von Hochleistungswerkstoffen hinreichend klar. Ist die Forschungsarbeit in Bezug auf die Branchen offen und lediglich der Untersuchungsraum fixiert (etwa: Welche Clusterstrukturen gibt es im Süden von Baden-Württemberg?), sollte sich aus Sicht des Autors der Empfehlung von Farhauer & Kröll (2013) angeschlossen werden. Feser & Bergman (2000) liefern hierzu ein Anwendungsbeispiel für die USA mit leicht veränderter Methodik.

8.5 Weiterführende Fragestellungen

Abseits von methodischen Detailverbesserungen ergeben sich ausgehend von bereits bekannten und auch hier generierten Ergebnissen weiterführende Anregungen, welche sich in dieser Forschungsrichtung stets für eine tiefere Analyse eignen:

8.5.1 Mindestdichte eines Clusters

Wie gezeigt können drei von vier Branchenaggregaten aus mindestens einem Lokalisationsvorteil einen monetär messbaren Erfolg generieren. Einzig für die räumlich zufällig verteilte Chemiebranche (R_{Chemie}: 0,903) trifft dies nicht zu. Im räumlich nächst stärker konzentrierten Aggregat EDV (R_{EDV}: 0,775) ist bereits ein signifikanter Effekt nachweisbar, sofern in diesem Fall eine hohe Dichte von vorgelagerten Wirtschaftszweigen vorhanden ist. Unter der Verwendung des präzisen GIS-Ansatzes sollte daher untersucht werden, welcher Grad einer „Mindest-Clusterung" in fein gegliederten Branchen notwendig ist, damit die hier erkundeten Vorteile in signifikanter Weise realisiert werden können. Dieser

Gedanke ist nicht nur für eine monetäre Erfolgsgröße durchführbar, sondern auch für andere Zielbereiche des Unternehmens. Insbesondere mit Blick auf betriebliche Innovationen und das räumliche Setting, in welchem diese generiert werden[8] wäre dies eine methodisch anspruchsvolle, aber vielversprechende Forschungsidee.

8.5.2 Aktives Clustermanagement

Die vorliegende Arbeit beschränkt sich in ihrer Methodik wesentlich auf Lage der Unternehmen zueinander und die Distanzen, welche zwischen ihnen bestehen. Die reine Nähe zueinander erleichtert die Herstellung von Kontakten zwar erheblich, sie garantiert sie aber nicht (Hendry *et al.*, 2000, S. 140). Durch ein übergeordnetes Management in einem Cluster kann der gegenseitige Austausch hingegen intensiviert und verstetigt werden.

Heute verfügt nahezu jede Clusterinitiative in Deutschland über ein aktives Management. Diese Organisationen versuchen, in der Regel über Veranstaltungen und Fachforen, den Austausch unter Mitgliedern zu forcieren. Es wäre, unter der selben Fragestellung wie in dieser Arbeit, reizvoll zu eruieren, ob die in einer solchen Initiative organisierten Unternehmen – bezogen auf eine monetäre Erfolgsgröße – sich von ihren nicht formal organisierten Konkurrenten unterscheiden. Dieses Vorhaben würde es auch ermöglichen, die Notwendigkeit solcher Verbünde einer kritischen Überprüfung zu unterziehen. Dies käme einer methodischen Vertiefung der Arbeit von Schönberger (2011) gleich, der die Wechselwirkung von der Etablierung regionaler Clustermanagements und den tatsächlichen Branchenentwicklungen in diversen Regionen analysiert.

Würde ein solches Forschungsvorhaben über längere Zeit konzipiert sein, ließe sich zur Evidenz des „lock-in" Phänomens (Bathelt & Glückler, 2002, S. 189) neues Wissen hinzufügen. Hiernach unterliegen institutionalisierte Zusammenschlüsse dem Nachteil, dass es im Laufe der Zeit zu Verkrustungen im Innovationsprozess kommt. Sie argumentieren, dass die Partizipation der stets gleichen Personen und Institutionen mit ihren im Wesentlichen gleichbleibenden Kenntnissen und Meinungen zu Technologien eine Barriere bei der Absorption von neuem Wissen sein können.

8.5.3 Lebenszyklus eines Clusters und Distanz

Clusterformationen unterliegen durch interne Veränderungen und externe Störungen einem permanenten Wandel. Im Extremfalls können diese Formationen durch den Strukturwandel aufgelöst werden (z.B. Ruhrgebiet) und entstehen dafür im Gegenzug an anderer Stelle in anderen Branchen neu (Reichart, 1999, S. 184ff.). Wal & Boschma (2011,

---

[8]siehe hierzu auch Audretsch (1998)

S. 929) benennen die wesentlichen Änderungen über die Zeit: In dem Anfangsstadium eines Clusters ist die Ausdifferenzierungen unter den Tätigkeiten noch hoch und die Zahl der involvierten Unternehmen gering. Die Grad der räumlichen Ballung ist noch entsprechend schwach, und damit verbunden sind die Wissensnetzwerke noch instabil. In einer Vergleichsstudie mehrerer solcher junger Clusterformation sollten zuerst die tatsächlichen Distanzrelationen zwischen den zugehörigen Unternehmen ermittelt werden.

Die eigentliche Forschungsfrage widmet sich dann dieser räumlichen Nähe und der Frage, ob sie (kontrolliert für andere Einflüsse) über die Zeit einen signifikanten Beitrag auf einen gewählten Output und somit zur Entwicklung des Clusters geleistet hat. Als Outputgrößen eines solchen Vorhabens sind vorzugsweise die Beschäftigungsentwicklung sowie die Wertschöpfung zu fokussieren.

8.5.4 Cluster im ländlichen Raum

Die hier betrachteten Branchenaggregate für moderne Werkstoffe zeigten besonders in der mehrdimensionalen Clusteranalyse (Kapitel 4.6) eine starke Bindung an urbane Agglomerationen. Dies ist erklärbar, denn in den meisten Aggregaten kommt der Nähe zu akademischer Forschung- und Entwicklung eine besondere Relevanz zu. Ferner ist bekannt, dass beispielsweise Hochtechnologieunternehmen wie jene aus der Luft- und Raumfahrt die räumliche Nähe zu Regierungsinstitutionen suchen (Storper & Venables, 2004, S. 364ff.).

Die Politik des Bundes und der Länder strebt hingegen eine kontrollierte Siedlungsentwicklung an, welche einen Ausgleich zu den sich selbst verstärkenden Tendenzen der Verstädterung leisten soll. Der ländliche Raum abseits der hoch verdichteten Städte nimmt immer noch die Mehrzahl der Flächen ein und bietet für die Mehrzahl der Menschen den Lebensmittelpunkt. In Bayern sind rund 85% der Landesfläche als ländlicher Raum klassifiziert, auf welchen sich 60% der Einwohner konzentrieren.[9] Dieser ländliche Raum entfaltet durch seine Beschaffenheit für Branchen wie die Forstwirtschaft, das Ernährungsgewerbe oder den Tourismus eine besondere Standortqualität. Für die beiden letztgenannten sind aber auch urbane Räume ein attraktiver Raum der Ansiedlung (Weiterverarbeitung nahe der Zentren; Städtetourismus und Geschäftsreisen). Mit einem zu dieser Arbeit vergleichbaren Forschungsdesign (Mikrodaten auf Ebene der Unternehmen, Geokodierung) gilt es zu untersuchen, ob der ländliche Raum für seine traditionellen Branchen hinreichend gute Standortqualitäten entfalten kann. Insbesondere interessant wäre dabei – neben der Frage nach der ökonomischen Performance – auch die

---

[9]Bayerisches Staatsministerium der Finanzen, für Landesentwicklung und Heimat. http://www.laendlicherraum.bayern.de/ [letzter Aufruf: 27.07.2014]

Beschäftigungsentwicklung in beiden Raumkategorien.

8.5.5 Schätzung der Urbanisationsvorteile

In Abschnitt 2.5 wurde gezeigt, welche Gründe für die priorisierte Behandlung der Lokalisationsvorteile ausschlaggebend waren. Ohne Zweifel spielt aber auch die Größe der Stadt, in der ein Gut oder eine Dienstleitung produziert und angeboten wird, für den unternehmerischen Erfolg eine entscheidende Rolle. Bereits im Jahr 1956 formuliert Isard die Überlegung, dass der Zusammenhang zwischen externen Skalenerträgen und der Stadtgröße einer Produktionsfunktion mit abnehmendem Grenzertrag folgt (Isard, 1956, S. 186f.). Auch wenn Isard die Behauptung nicht empirisch belegen kann, gibt es heute eine Fülle von Indizien, dass sie zutreffend ist. Beispielsweise gilt die Arbeit von Glaeser (1998) als einer der wesentlichen Ausgangspunkte in genau dieser Denkrichtung. Heute wären alle Möglichkeiten gegeben, um die Vermutungen empirisch zu überprüfen. Als tragfähige Grundlage solcher Überlegungen sind zu nennen:

- Georefernezierte Daten über Unternehmensstandorte

- Individualdaten (bestenfalls Paneldaten) zu unternehmerischen Erfolgsgrößen

- Eine Vielzahl von regionalökonomischen Indikatoren zur Modellierung der Größe und Dichte von Städten

- Die ökonometrische Schätzung einer Produktionsfunktion, welche den Zielkonflikt zwischen externen Skalenerträgen und Wettbewerb berücksichtigt.

Im Ergebnis wäre dies ein wertvoller Beitrag zur aktuellen Diskussion rund um sich weiter verdichtende Städte und die entsprechend geringeren Wachstumsperspektiven ländlicher Räume. Sollten Unternehmen verschiedenster Branchen sich trotz intensivierten Wettbewerbs in Städten langfristig besser entwickeln, wäre die Raum- und Regionalplanung gefordert, klare Vorstellungen zu den Perspektiven der Unternehmen im ländlichen Raum zu formulieren.

9 Schlussbetrachtungen

Die Teilräume der Bundesrepublik Deutschland sind durch große Unterschiede gekennzeichnet, denn wirtschaftliche Aktivitäten tendieren dazu, sich räumlich zu konzentrieren. Schon die ersten Untersuchungen von Marshall zeigen, dass die Präsenz von spezialisierten Unternehmen die weitere Ansiedlung von Unternehmen dieser Branche begünstigt (externe Effekte, Lokalisationsvorteile). Die populär gewordenen Erfolgsmodelle wie das Silicon Valley trugen später dazu bei, dass die Förderung regionaler Cluster zu einem breit eingesetzten Instrument der Regionalpolitik avancierte.

Auch empirisch konnte vielerorts der Nachweis geführt werden, dass Clusterstrukturen positive Effekte hervorrufen können. Hierzu zählt beispielsweise, dass Innovationen in geclusterten Regionen häufiger auftreten (Audretsch & Feldman, 2004), Cluster ferner eine höhere Zahl von Unternehmensgründungen aufweisen (Koo & Cho, 2011), sowie die Tatsache, dass Lerneffekte nachweislich stark distanzempfindlich sind (Wallsten, 2001).

Eine wichtige Frage konnte trotz der sehr umfangreichen Forschungen bisher kaum geklärt werden: Ganz einfach gesprochen ist es jene, ob es räumlich geclusterten Unternehmen wirtschaftlich besser geht als ihren Konkurrenten, welche sich alleine auf weiter Flur befinden. Die Nutzung von unternehmerischen Individualdaten (Jahresumsatz, Zahl der Mitarbeiter und Branche) und die auf zehn Meter exakte Referenzierung in einem Geoinformationssystem erlauben hierzu neue Einsichten. Bisher stützen sich vergleichbare Analysen auf die Zuordnung von aggregierten Unternehmensdaten zu Landkreisen oder Bundesländern, deren Grenzen jedoch die Wahrnehmung der Phänomene in drastischer Art und Weise zerschneiden.

Wie andere empirische Untersuchungen offenbart auch diese, dass sich räumliche Nähe gleichartiger Unternehmen oftmals als vorteilhaft erweist. Konkret gesucht ist der monetär messbare Benefit einer räumlichen Clusterung. Im Ergebnis schlägt sich in drei von vier Branchenaggregaten mindestens jeweils ein Lokalisationsvorteil in einem besseren Ergebnis nieder. Es war ferner zu beobachten, dass eine Branche eine räumliche Mindestdichte aufweisen muss, damit monetäre Effekte realisiert werden können und messbar sind. Wie gezeigt, fallen vorrangig die Ergebnisse für die Aggregate Chemie und Metall unterschiedlich aus. Chemie scheint aus räumlicher Nähe keine Vorzüge generieren zu können, während Metall dies explizit kann. Um diese Ergebnisse interpretieren und bewerten zu können, scheint es hilfreich, die Befunde zur räumlichen Konzentration (siehe Kapitel 4.4) zu reflektieren. Die Nearest-Neighbour Analysis zeigte, dass das Aggregat Chemie nahezu gleichverteilt im Raum ist (Wert der NNA: 0,903) während die metallverarbeitenden

Branchen nach den Dienstleistungen am zweitstärksten räumlich konzentriert sind (Wert
der NNA: 0,706).

In Deutschland gibt es jüngst einigen Zweifel, ob die derzeitigen Instrumente zur wirtschaftlichen Förderung des ländlichen Raums wirksam sind. Ein Großteil der endogenen
Regionalförderung wird über die Etablierung von Netzwerken als akteursbasierte Ansätze
realisiert. Die Finanzierung erfolgt durch Förderprogramme. Die Teilnahme an entsprechenden Programmen (z.B. Leader) lässt sich jedoch kaum mit den tatsächlichen Entwicklungen in den geförderten Regionen in einen sinnvollen Zusammenhang bringen (Diller
et al., 2014).

Vor dem Hintergrund, dass an dieser Wirksamkeit erhebliche Zweifel bestehen und der
Tatsache, dass sich ökonomische Aktivitäten in Zentren konzentrieren, müssen die wirtschaftlichen Perspektiven des ländlichen Raums grundlegend neu konzipiert werden. Geringere Faktorkosten in die Waagschale werfen zu können, scheint nicht mehr auszureichen
– zu groß sind die Vorteile räumlicher Konzentration für die Mehrzahl der Unternehmen.

Literaturverzeichnis

Acs, Zoltan J., Anselin, Luc, & Varga, Attila. 2002. Patents and innovation counts as measures of regional production of new knowledge. *Research Policy*, **31**(7), 1069–1085.

Adams, James D. 2002. Comparative localization of academic and industrial spillovers. *Journal of Economic Geography*, **2**(3), 253–278.

Aldieri, Luigi, & Cincera, Michele. 2009. Geographic and technological R&D spillovers within the triad: micro evidence from US patents. *The Journal of Technology Transfer*, **34**(2), 196–211.

Algieri, Bernardina, Aquino, Antonio, & Succurro, Marianna. 2013. Technology transfer offices and academic spin-off creation: the case of Italy. *The Journal of Technology Transfer*, **38**(4), 382–400.

Arauzo Carod, JosepMaria, & Manjón Antolín, Miguel C. 2004. Firm Size and Geographical Aggregation: An Empirical Appraisal in Industrial Location. *Small Business Economics*, **22**(3-4), 299–312.

Audretsch, Bruce. 1998. Agglomeration and the location of innovative activity. *Oxford review of economic policy*, **14**(2), 18–29.

Audretsch, Bruce, & Feldman, Maryann. 2004. Knowledge spillovers and the geography of innovation. *Handbook of regional and urban economics*, **4**, 2713–2739.

Bathelt, Harald, & Glückler, Johannes. 2002. *Wirtschaftsgeographie*. 2 edn. Stuttgart: Ulmer.

Baum, Joel A., & Haveman, Heather A. 1997. Love Thy Neighbor? Differentiation and Agglomeration in the Manhattan Hotel Industry, 1898-1990. *Administrative Science Quarterly*, **42**(2), pp. 304–338.

Bertinelli, Luisito, & Strobl, Eric. 2007. Urbanisation, Urban Concentration and Economic Development. *Urban Studies*, **44**(13), 2499–2510.

Beule, Filip De, & Beveren, Ilke Van. 2012. Does firm agglomeration drive product innovation and renewal? An application for Belgium. *Tijdschrift voor economische en sociale geografie*, **103**(4), 457–472.

Bindroo, Vishal, Mariadoss, Babu John, & Pillai, Rajani Ganesh. 2012. Customer Clusters as Sources of Innovation-Based Competitive Advantage. *Journal of International Marketing*, **20**(3), 17–33.

Black, Duncan, & Henderson, Vernon. 1999. A theory of urban growth. *Journal of Political Economy*, **107**(2), 252.

Bönte, Werner. 2008. Inter-firm trust in buyer–supplier relations: Are knowledge spillovers and geographical proximity relevant? *Journal of Economic Behavior & Organization*, **67**(3–4), 855 – 870.

Braun, Boris. 2012. *Wirtschaftsgeographie*. Stuttgart: Ulmer.

Bundesinstitut für Bau, Stadt-und Raumforschung. 2012. Raumordnungsbericht 2011.

Burt, James E., Barber, Gerald M., & Rigby, David L. 2009. *Elementary Statistics for Geographers*. 3 edn. New York: Guilford Press.

Camagni, Roberto. 2002. On the Concept of Territorial Competitiveness: Sound or Misleading? *Urban Studies (Routledge)*, **39**(13), 2395 – 2411.

Cervero, Robert. 2001. Efficient Urbanisation: Economic Performance and the Shape of the Metropolis. *Urban Studies*, **38**(10), 1651–1671.

Clark, Philip J., & Evans, Francis C. 1954. Distance to Nearest Neighbor as a Measure of Spatial Relationships in Populations. *Ecology*, **35**(4), 445–453.

Combes, Pierre-Philippe. 2000. Economic Structure and Local Growth: France, 1984–1993. *Journal of Urban Economics*, **47**(3), 329 – 355.

Combes, Pierre-Philippe, Mayer, Thierry, & Thisse, Jacques-François. 2008. *Economic geography: The integration of regions and nations*. Princeton: Princeton University Press.

Cruz, Sara C., & Teixeira, Aurora A. 2010. The Evolution of the Cluster Literature: Shedding Light on the Regional Studies-Regional Science Debate. *Regional Studies*, **44**(9), 1263 – 1288.

Dauth, Wolfgang. 2010. Agglomeration and regional employment growth. *IAB discussion paper*.

de Miguel Molina, Blanca, de Miguel Molina, Maria, & Garrigos, Jose Albors. 2011. The Innovative Regional Environment and the Dynamics of its Clusters. *European Planning Studies*, **19**(10), 1713–1733.

Desmet, Klaus, & Fafchamps, Marcel. 2005. Changes in the spatial concentration of employment across US counties: a sectoral analysis 1972–2000. *Journal of Economic Geography*, **5**(3), 261–284.

Diller, Christian, Nischwitz, Guido, & Kreutz, Benedict. 2014. Förderung von Regionalen Netzwerken: Messbare Effekte für die Regionalentwicklung? *Raumforschung und Raumordnung*, 1–12.

Dohse, Dirk, Laaser, Claus-Friedrich, Schrader, Jörg-Volker, & Soltwedel, Rüdiger. 2005. *Raumstruktur im Internetzeitalter: Tod der Distanz? Eine empirische Analyse.* Kieler Diskussionsbeiträge 416/417. Kiel.

Dumais, Guy, Ellison, Glenn, & Glaeser, Edward L. 2002. Geographic concentration as a dynamic process. *Review of Economics and Statistics*, **84**(2), 193–204.

Duranton, Gilles, & Overman, Henry. 2005. Testing for localization using micro-geographic data. *The Review of Economic Studies*, **72**(4), 1077–1106.

Eckey, Hans-Friedrich, Kosfeld, Reinhold, & Türck, Matthias. 2005. *Deskriptive Statistik.* 4 edn. Wiesbaden: Gabler.

Eckey, Hans-Friedrich, Kosfeld, Reinhold, & Werner, Alexander. 2012. Bivariate K functions as instruments to analyze inter-industrial concentration processes. *Jahrbuch für Regionalwissenschaft*, **32**(2), 133–157.

Ellison, Glenn, & Glaeser, Edward L. 1997. Geographic concentration in U.S. manufacturing industries: A dartboard approach. *Journal of Political Economy*, **105**(5), 889.

Ellison, Glenn, & Glaeser, Edward L. 1999. The Geographic Concentration of Industry: Does Natural Advantage Explain Agglomeration? *The American Economic Review*, **89**(2), pp. 311–316.

Esparza, Adrian X., & Krmenec, Andrew J. 1996. The Spatial Markets of Cities Organized in a Hierarchical System. *The Professional Geographer*, **48**(4), 367–378.

Farhauer, Oliver, & Kröll, Alexandra. 2010. What we can and what we can't say about employment growth in specialised cities. *Passauer Diskussionspapiere*.

Farhauer, Oliver, & Kröll, Alexandra. 2012. Diversified specialisation—going one step beyond regional economics' specialisation-diversification concept. *Jahrbuch für Regionalwissenschaft*, **32**(1), 63–84.

Farhauer, Oliver, & Kröll, Alexandra. 2013. *Standorttheorien*. Wiesbaden: Springer Fachmedien.

Feser, Edward J., & Bergman, Edward M. 2000. National Industry Cluster Templates: A Framework for Applied Regional Cluster Analysis. *Regional Studies*, **34**(1), 1 – 19.

Fingleton, Bernard. 2004. Regional Economic Growth and Convergence: Insights from a Spatial Econometric Perspective. *Pages 397–432 of:* Anselin, Luc, Florax, Raymond J., & Rey, Sergio J. (eds), *Advances in Spatial Econometrics*. Advances in Spatial Science. Berlin: Springer.

Folta, Timothy B., Cooper, Arnold C., & suk Baik, Yoon. 2006. Geographic cluster size and firm performance. *Journal of Business Venturing*, **21**(2), 217 – 242.

Foster, John. 1993. Economics and the self-organisation approach: Alfred Marshall revisited? *The Economic Journal*, **103**(419), 975–991.

Fritsch, Michael, & Graf, Holger. 2011. How sub-national conditions affect regional innovation systems: The case of the two Germanys. *Papers in Regional Science*, **90**(2), 331–353.

Fu, Shihe, & Hong, Junjie. 2011. Testing Urbanization Economies in Manufacturing Industries: Urban Diversity Or Urban Size? *Journal of Regional Science*, **51**(3), 585–603.

Fujita, Masahisa, & Mori, Tomoya. 2005. Frontiers of the New Economic Geography. *Papers in Regional Science*, **84**(3), 377–405.

Fujita, Masahisa, & Thisse, Jacques-François. 2013. *Economics of Agglomeration - Cities, Industrial Location, and Globalization*. 2 edn. Cambridge: Cambridge University Press.

Glaeser, Edward L. 1998. Are Cities Dying? *Journal of Economic Perspectives*, **12**(2), 139–160.

Glaeser, Edward L. 1999. Learning in Cities. *Journal of Urban Economics*, **46**(2), 254 – 277.

Glaeser, Edward L., Kallal, Hedi D., Scheinkman, José A., & Shleifer, Andrei. 1992. Growth in Cities. *Journal of Political Economy*, **100**(6), pp. 1126–1152.

Goetz, Stephan J., & Rupasingha, Anil. 2002. High-Tech Firm Clustering: Implications for Rural Areas. *American Journal of Agricultural Economics*, **84**(5), 1229–1236.

Gordon, Ian R., & McCann, Philip. 2000. Industrial clusters: complexes, agglomeration and/or social networks? *Urban studies*, **37**(3), 513–532.

Graham, Daniel J. 2009. Identifying urbanisation and localisation externalities in manufacturing and service industries. *Papers in Regional Science*, **88**(1), 63–84.

Graham, Daniel J., & Kim, H. Youn. 2008. An empirical analytical framework for agglomeration economies. *The Annals of Regional Science*, **42**(2), 267–289.

Graser, Anita. 2013. *Learning QGIS 2.0*. Birmingham: Packt Publishing.

Guimaraes, Paulo, Figueiredo, Octávio, & Woodward, Douglas. 2000. Agglomeration and the location of foreign direct investment in Portugal. *Journal of Urban Economics*, **47**(1), 115–135.

Haas, Hans-Dieter, & Neumair, Simon-Martin. 2008. *Wirtschaftsgeographie*. 2 edn. Darmstadt: Wissenschaftliche Buchgesellschaft.

Haas, Hans-Dieter, & Schlesinger, Dieter M. 2007. *Umweltökonomie und Ressourcenmanagement*. Darmstadt: Wissenschaftliche Buchgesellschaft.

Hafner, Kurt A. 2013. Agglomeration economies and clustering – evidence from German and European firms. *Applied Economics*, **45**(20), 2938–2953.

Harrison, Bennett, Kelley, Maryellen R., & Gant, Jon. 1996. Innovative Firm Behavior and Local Milieu: Exploring the Intersection of Agglomeration, Firm Effects, and Technological Change. *Economic Geography*, **72**(3), pp. 233–258.

Heineberg, Heinz. 2007. *Einführung in die Anthropogeographie, Humangeographie*. 3 edn. Paderborn u.a.: Schöningh.

Heineberg, Heinz. 2014. *Stadtgeographie*. 4 edn. Parderborn u.a.: UTB.

Henderson, J. Vernon. 2003. Marshall's scale economies. *Journal of urban economics*, **53**(1), 1–28.

Hendry, Chris, Brown, James, & Defillippi, Robert. 2000. Regional Clustering of High Technology-based Firms: Opto-electronics in Three Countries. *Regional Studies*, **34**(2), 129 – 144.

Hoogstra, Gerke J., & van Dijk, Jouke. 2004. Explaining Firm Employment Growth: Does Location Matter? *Small Business Economics*, **22**(3/4), 179–192.

Huisman, Corina, & van Wissen, Leo. 2004. Localization effects of firm startups and closures in the Netherlands. *Annals of Regional Science*, **38**(2), 291 – 310.

Isard, Walter. 1956. *Location and space-economy: A general theory relating to industrial location, market areas, land use, trade, and urban structure.* New York: Technology Press of Massachusetts Institute of Technology, Wiley and Sons.

Jaffe, Adam B, Trajtenberg, Manuel, & Henderson, Rebecca. 1993. Geographic localization of knowledge spillovers as evidenced by patent citations. *the Quarterly journal of Economics*, **108**(3), 577–598.

Jäger, Hubert, & Hauke, Tilo. 2010. *Carbonfasern und ihre Verbundwerkstoffe - Herstellungsprozesse, Anwendungen und Marktentwicklung.* München: Süddetscher Verlag onpact.

Kesidou, Effie, & Szirmai, Adam. 2008. Local knowledge spillovers, innovation and export performance in developing countries: empirical evidence from the Uruguay software cluster. *The European Journal of Development Research*, **20**(2), 281–298.

Kiese, Matthias. 2012. *Regionale Clusterpolitik in Deutschland: Bestandsaufnahme und interregionaler Vergleich im Spannungsfeld von Theorie und Praxis.* Marburg: Metropolis-Verlag.

Kolko, Jed. 2000. The death of cities? The death of distance? Evidence from the geography of commercial Internet usage. *The internet upheaval: Raising questions, seeking answers in communications policy*, 73–98.

Koo, Jun, & Cho, Kwang-Rae. 2011. New Firm Formation and Industry Clusters: A Case of the Drugs Industry in the U.S. *Growth & Change*, **42**(2), 179–199.

Koschatzky, Knut, & Sternberg, Rolf. 2000. R&D Cooperation in Innovation Systems—Some Lessons from the European Regional Innovation Survey (ERIS). *European Planning Studies*, **8**(4), 487–501.

Kosfeld, Reinhold, Eckey, Hans-Friedrich, & Lauridsen, Jørgen. 2011. Spatial point pattern analysis and industry concentration. *Annals of Regional Science*, **47**(2), 311 – 328.

Krugman, Paul R. 1987. Is Free Trade Passé? *The Journal of Economic Perspectives*, **1**(2), 131–144.

Krugman, Paul R. 1991. *Geography and Trade*. Cambridge: MIT Press.

Krugman, Paul R. 1998. What's new about the new economic geography? *Oxford review of economic policy*, **14**(2), 7–17.

Krugman, Paul R., & Obstfeld, Maurice. 2006. *International economics; theory and policy*. 7 edn. Boston u.a.: Pearson.

Krumm, Raimund, & Strotmann, Harald. 2013. The impact of regional location factors on job creation, job destruction and employment growth in manufacturing. *Jahrbuch für Regionalwissenschaft*, **33**(1), 23–48.

Kulke, Elmar. 2010. *Wirtschaftsgeographie Deutschlands*. 2 edn. Heidelberg: Spektrum Akademischer Verlag.

Kwan, Mei-Po. 2000. Analysis of human spatial behavior in a GIS environment: Recent developments and future prospects. *Journal of Geographical Systems*, **2**(1), 85.

Lamming, Richard, Johnsen, Thomas, Zheng, Jurong, & Harland, Christine. 2000. An initial classification of supply networks. *International Journal of Operations & Production Management*, **20**(6), 675–691.

Longley, Paul A., Goodchild, Michael F., Maguire, David J., & Rhind, David W. 2005. *Geographic Information Systems and Science -*. 2 edn. New York: John Wiley & Sons.

Lyon, Thomas P., Michelin, Mark, Jongejan, Arie, & Leahy, Thomas. 2012. Is "smart charging" policy for electric vehicles worthwhile? *Energy Policy*, **41**(0), 259 – 268.

Madelin, Malika, Grasland, Claude, Mathian, Hélène, Sanders, Léna, Vincent, Jean-Marc, et al. 2009. Das „MAUP": Modifiable Areal Unit-Problem oder Fortschritt? *Informationen zur Raumentwicklung*, **10**, 645–660.

Marcon, Eric, & Puech, Florence. 2010. Measures of the geographic concentration of industries: improving distance-based methods. *Journal of Economic Geography*, **10**(5), 745–762.

Markusen, Ann. 1996. Sticky places in slippery space: a typology of industrial districts. *Economic geography*, 293–313.

Marshall, Alfred. 1890. *Principles of economics. Vol. 1.* London: Macmillan.

Martin, Ron, & Sunley, Peter. 2003. Deconstructing clusters: chaotic concept or policy panacea? *Journal of economic geography*, **3**(1), 5–35.

Matuschewski, Anke. 2006. Regional clusters of the information economy in Germany. *Regional Studies*, **40**(03), 409–422.

McCallum, John. 1995. National Borders Matter: Canada-U.S. Regional Trade Patterns. *The American Economic Review*, **85**(3), pp. 615–623.

Melo, Patricia C., Graham, Daniel J., & Noland, Robert B. 2009. A meta-analysis of estimates of urban agglomeration economies. *Regional Science and Urban Economics*, **39**(3), 332–342.

Midelfart-Knarvik, Karen H., Overman, Henry G., Redding, Stephen J., & Venables, Anthony J. 2000. *The location of European industry.* European Commission, Directorate-General for Financial Affairs.

Mitra, Arup. 1999. Agglomeration Economies as Manifested in Technical Efficiency at the Firm Level. *Journal of Urban Economics*, **45**(3), 490 – 500.

Moomaw, Ronald L. 1988. Agglomeration economies: localization or urbanization? *Urban Studies*, **25**(2), 150–161.

Mori, Tomoya, Nishikimi, Koji, & Smith, Tony E. 2005. A divergence statistic for industrial localization. *Review of Economics and Statistics*, **87**(4), 635–651.

Murray, Alan T. 2010. Advances in Location Modeling: GIS Linkages and Contributions. *Journal of Geographical Systems*, **12**(3), 335–354.

Nakamura, Ryohei. 1985. Agglomeration economies in urban manufacturing industries: A case of Japanese cities. *Journal of Urban Economics*, **17**(1), 108 – 124.

Negle, Garrett, & Witherick, Michael. 1998. *Skills and Techniques for Geography A-Level.* Jersey: Nelson Thornes.

Oerlemans, Leon, & Meeus, Marius. 2005. Do Organizational and Spatial Proximity Impact on Firm Performance? *Regional Studies*, **39**(1), 89–104.

Orlando, Michael J. 2004. Measuring spillovers from industrial R&D: On the importance of geographic and technological proximity. *RAND Journal of Economics*, 777–786.

Papula, Lothar. 2003. *Mathematische Formelsammlung für Ingenieure und Naturwissenschaftler*. 8 edn. Wiesbaden: Vieweg.

Piore, Michael J., & Sabel, Joseph. 1985. *Das Ende der Massenproduktion*. Berlin: Wagenbach.

Porter, Michael. 1996. Competitive advantage, agglomeration economies, and regional policy. *International regional science review*, **19**(1-2), 85–90.

Porter, Michael. 2000. Location, competition, and economic development: Local clusters in a global economy. *Economic development quarterly*, **14**(1), 15–34.

Potter, Antony, & Watts, H. Doug. 2011. Evolutionary agglomeration theory: increasing returns, diminishing returns, and the industry life cycle. *Journal of Economic Geography*, **11**(3), 417–455.

Prevezer, Martha. 1997. The Dynamics of Industrial Clustering in Biotechnology. *Small Business Economics*, **9**(3), 255–271.

Puga, Diego. 2010. The Magnitude and Causes of Agglomeration Economies. *Journal of Regional Science*, **50**(1), 203 – 219.

Reichart, Thomas. 1999. *Bausteine der Wirtschaftsgeographie*. 2 edn. Stuttgart: UTB.

Reichhart, Andreas, & Holweg, Matthias. 2008. Co-located supplier clusters: forms, functions and theoretical perspectives. *International Journal of Operations & Production Management*, **28**(1), 53–78.

Rosenthal, Stuart S., & Strange, William C. 2001. The Determinants of Agglomeration. *Journal of Urban Economics*, **50**, 191–229.

Rosenthal, Stuart S., & Strange, William C. 2003. Geography, Industrial Organization, and Agglomeration. *The Review of Economics and Statistics*, **85**(2), 377–393.

Rosenthal, Stuart S., & Strange, William C. 2004. Evidence on the nature and sources of agglomeration economies. *Handbook of regional and urban economics*, **4**, 2119–2171.

Röth, Thilo, Kampker, Achim, & Reisgen, Uwe et al. 2013. Entwicklung von elektrofahrzeugspezifischen Systemen. *Pages 235-334 of:* Kampker, Achim, Vallée, Dirk, & Schnettler, Armin (eds), *Elektromobilität*. Berlin u.a.: Springer.

Sachs, Lothar. 2004. *Angewandte Statistik: Anwendung statistischer Methoden.* 11 edn. Berlin u.a.: Springer.

Sautter, Björn. 2004. Regionale Cluster. *Standort,* **28**(2), 66–72.

Saxenian, AnnaLee. 1990. Regional networks and the resurgence of Silicon Valley. *California management review,* **33**(1), 89–112.

Schätzl, Ludwig. 2000. *Wirtschaftsgeographie 2: Empirie.* Stuttgart: UTB.

Schönberger, Robert. 2011. *Produktion folgt Logistik - Der Einfluss von Logistik-Clustern auf die regionale Wertschöpfung.* Berlin: Erich Schmidt.

Schwartz, Dafna. 2006. The Regional Location of Knowledge Based Economy Activities in Israel. *Journal of Technology Transfer,* **31**(1), 31–44.

Scott, Allen J. 1988. *New industrial spaces - flexible production organization and regional development in North America and Western Europe.* London: Pion.

Scott, Allen J., & Storper, Michael. 2007. Regions, Globalization, Development. *Regional Studies,* **41**(02/02), 191–205.

Selvin, Steve. 2004. *Statistical analysis of epidemiologic data.* 3. edn. New York: Oxford University Press.

Stephan, Andreas. 2011. Locational conditions and firm performance: introduction to the special issue. *The Annals of Regional Science,* **46**(3), 487–494.

Sternberg, Rolf. 1998. Innovierende Industrieunternehmen und ihre Einbindung in intraregionale versus interregionale Netzwerke. *Raumforschung und Raumordnung,* **56**(4), 288–298.

Sternberg, Rolf, & Arndt, Olaf. 2001. The Firm or the Region: What Determines the Innovation Behavior of European Firms? *Economic Geography,* **77**(4), pp. 364–382.

Storper, Michael, & Venables, Anthony J. 2004. Buzz: face-to-face contact and the urban economy. *Journal of Economic Geography,* **4**(4), 351–370.

Tallman, Stephen, & Phene, Anupama. 2007. Leveraging Knowledge Across Geographic Boundaries. *Organization Science,* **18**(2), 252–260.

von Einem, Eberhard. 2011. Wissensabsorption in Städten und Regionen. *Jahrbuch für Regionalwissenschaft,* **31**(2), 131–153.

Wal, Anne L. Ter, & Boschma, Ron. 2011. Co-evolution of Firms, Industries and Networks in Space. *Regional Studies*, **45**(7), 919–933.

Wallsten, Scott J. 2001. An empirical test of geographic knowledge spillovers using geographic information systems and firm-level data. *Regional Science and Urban Economics*, **31**(5), 571–599.

Wrobel, Martin. 2009. Das Konzept regionaler Cluster: zwischen Schein und Sein? *Jahrbuch für Regionalwissenschaft*, **29**(1), 85–103.

Printed in the United States
By Bookmasters